Utilize este código QR para se cadastrar de forma mais rápida:

Ou, se preferir, entre em:

www.moderna.com.br/ac/livroportal

e siga as instruções para ter acesso aos conteúdos exclusivos do Portal e Livro Digital

CÓDIGO DE ACESSO:

A 00440 BUPGEOG1E 3 11478

Faça apenas um cadastro. Ele será válido para:

12112974 Aluno 7005

CB053008

Da semente ao livro,
sustentabilidade por todo o caminho

Plantar florestas
A madeira que serve de matéria-prima para nosso papel vem de plantio renovável, ou seja, não é fruto de desmatamento. Essa prática gera milhares de empregos para agricultores e ajuda a recuperar áreas ambientais degradadas.

Fabricar papel e imprimir livros
Toda a cadeia produtiva do papel, desde a produção de celulose até a encadernação do livro, é certificada, cumprindo padrões internacionais de processamento sustentável e boas práticas ambientais.

Criar conteúdos
Os profissionais envolvidos na elaboração de nossas soluções educacionais buscam uma educação para a vida pautada por curadoria editorial, diversidade de olhares e responsabilidade socioambiental.

Construir projetos de vida
Oferecer uma solução educacional Moderna é um ato de comprometimento com o futuro das novas gerações, possibilitando uma relação de parceria entre escolas e famílias na missão de educar!

Taciro Comunicação, Alexandre Santana e Estúdio Pingado

Apoio:

Fotografe o Código QR e conheça melhor esse caminho.
Saiba mais em *moderna.com.br/sustentavel*

Organizadora: Editora Moderna
Obra coletiva concebida, desenvolvida
e produzida pela Editora Moderna.

Editor Executivo:
Cesar Brumini Dellore

NOME: ....
....TURMA: ....
ESCOLA: ....
....

1ª edição

© Editora Moderna, 2018

Elaboração dos originais

Carlos Vinicius Xavier
Bacharel e licenciado em Geografia pela Universidade de São Paulo. Mestre em Ciências, no programa: Geografia (Geografia Humana), área de concentração: Geografia Humana, pela Universidade de São Paulo. Editor.

Juliana Maestu
Bacharel e licenciada em Geografia pela Universidade de São Paulo. Editora.

Lina Youssef Jomaa
Bacharel e licenciada em Geografia pela Universidade de São Paulo. Editora.

Denise Cristina Christov Pinesso
Bacharel e licenciada em Geografia pela Universidade de São Paulo. Mestre em Ciências, área de concentração: Geografia Física, pela Universidade de São Paulo. Professora.

Vanessa Rezene dos Santos
Bacharel e licenciada em Geografia pela Universidade de São Paulo. Professora.

Jogo de apresentação das *7 atitudes para a vida*

Gustavo Barreto
Formado em Direito pela Pontifícia Universidade Católica (SP). Pós-graduado em Direito Civil pela mesma instituição. Autor dos jogos de tabuleiro (*boardgames*) para o público infantojuvenil: Aero, Tinco, Dark City e Curupaco.

Coordenação editorial: Lina Youssef Jomaa
Edição de texto: Lina Youssef Jomaa, Juliana Maestu, Carlos Vinicius Xavier, Anaclara Volpi Antonini
Gerência de *design* e produção gráfica: Everson de Paula
Coordenação de produção: Patricia Costa
Suporte administrativo editorial: Maria de Lourdes Rodrigues
Coordenação de *design* e projetos visuais: Marta Cerqueira Leite
Projeto gráfico: Daniel Messias, Daniela Sato, Mariza de Souza Porto
Capa: Daniel Messias, Otávio dos Santos, Mariza de Souza Porto, Cristiane Calegaro
    Ilustração: Raul Aguiar
Coordenação de arte: Denis Torquato
Edição de arte: Flavia Maria Susi
Editoração eletrônica: Flavia Maria Susi
Coordenação de revisão: Elaine C. del Nero
Revisão: Alessandra A. Félix, Márcia Leme, Renato da Rocha Carlos, Rita de Cássia Pereira
Coordenação de pesquisa iconográfica: Luciano Baneza Gabarron
Pesquisa iconográfica: Camila Soufer, Junior Rozzo
Coordenação de *bureau*: Rubens M. Rodrigues
Tratamento de imagens: Fernando Bertolo, Joel Aparecido, Luiz Carlos Costa, Marina M. Buzzinaro
Pré-impressão: Alexandre Petreca, Everton L. de Oliveira, Marcio H. Kamoto, Vitória Sousa
Coordenação de produção industrial: Wendell Monteiro
Impressão e acabamento: Gráfica Elyon
Lote: 752863
Código: 12112974

Dados Internacionais de Catalogação na Publicação (CIP)
(Câmara Brasileira do Livro, SP, Brasil)

Buriti plus geografia / organizadora Editora Moderna ; obra coletiva concebida, desenvolvida e produzida pela Editora Moderna. – 1. ed. – São Paulo : Moderna, 2018. (Projeto Buriti)

Obra em 4 v. para alunos do 2º ao 5º ano.

1. Geografia (Ensino fundamental)

18-17152   CDD-372.891

Índices para catálogo sistemático:
1. Geografia : Ensino fundamental   372.891
Maria Alice Ferreira – Bibliotecária – CRB–8/7964

ISBN 978-85-16-11297-4 (LA)
ISBN 978-85-16-11298-1 (GR)

Reprodução proibida. Art. 184 do Código Penal e Lei 9.610 de 19 de fevereiro de 1998.
Todos os direitos reservados
EDITORA MODERNA LTDA.
Rua Padre Adelino, 758 – Belenzinho
São Paulo – SP – Brasil – CEP 03303-904
Vendas e Atendimento: Tel. (0_ _11) 2602-5510
Fax (0_ _11) 2790-1501
www.moderna.com.br
2022
Impresso no Brasil

1 3 5 7 9 10 8 6 4 2

Que tal começar o ano conhecendo seu livro?

Veja nas páginas 6 e 7 como ele está organizado.

Nas páginas 8 e 9, você fica sabendo os assuntos que vai estudar.

Neste ano, também vai conhecer e colocar em ação algumas atitudes que ajudarão você a conviver melhor com as pessoas e a solucionar problemas.

7 atitudes para a vida

Aproveite o que já sabe!
Use o que aprendeu até hoje para resolver uma questão.

Faça perguntas!
Não esconda suas dúvidas nem sua curiosidade. Pergunte sempre.

Tente outros caminhos!
Procure jeitos diferentes para resolver a questão.

Vá com calma!
Não tenha pressa. Pense bem antes de fazer alguma coisa.

Organize seus pensamentos antes de falar ou escrever!
Capriche na hora de explicar suas ideias.

Ouça as pessoas com respeito e atenção!
Reflita sobre o que está sendo dito.

Seja criativo!
Invente, use sua imaginação.

Nas páginas 4 e 5, há um jogo para você começar a praticar cada uma dessas atitudes. Divirta-se!

Visitando os parentes

Os amigos Daniel, Luís e Roberto foram visitar os parentes. Cada um foi para um destes municípios: Lua Nova, Girassol e Costa Azul. Lá, na casa dos parentes, cada um comeu o prato favorito: peixe assado, cozido de carne e frango assado.

De acordo com as informações a seguir, complete o quadro da página seguinte e descubra para qual município cada amigo foi, quanto tempo ficou lá e qual o prato favorito de cada um.

1. Quem foi para o município de Lua Nova foi de trem e não gosta de peixe. Mas Roberto adora peixe!
2. Luís foi de ônibus. Ele não gosta de assados.
3. Quem foi para Costa Azul foi de carro e comeu peixe.
4. Depois de completar o quadro, invente outros três personagens e três municípios diferentes. Em cada município há um passeio para fazer. Crie pistas para que um colega descubra para qual município foi cada personagem, quantos dias ficou e que passeio fez.

Ouça as pessoas com respeito e atenção!
Preste atenção nas instruções do professor e nas dúvidas dos colegas.

Vá com calma!
Comece escrevendo no quadro todas as informações dadas. Depois, leia novamente as dicas para completar o que faltou.

Pense de forma flexível!
Procure jeitos diferentes de raciocinar para resolver a questão e esteja preparado para mudar alguma conclusão a que você havia chegado.

Faça perguntas!
Se tiver dúvida sobre as dicas, pergunte ao professor.

Organize seus pensamentos!
Leia com atenção todas as dicas. Examine bem se algum nome pode ser o ponto de partida. Ao final, leia todas as dicas novamente para ver se a resposta está certa!

Aproveite o que já sabe!
Depois de completar todas as informações sobre um dos amigos, vai ficar mais fácil completar a dos outros e descobrir tudo!

Seja criativo!
Que dicas você pode dar aos colegas para que resolvam o novo desafio?

ILUSTRAÇÕES: MARCOS DE MELLO

Amigo			
Município			
Meio de transporte			
Prato preferido			

5

Conheça seu livro

Seu livro está dividido em 4 unidades. Veja o que você vai encontrar nele.

Abertura da unidade

Nas páginas de abertura, você vai explorar imagens e perceber que já sabe muitas coisas!

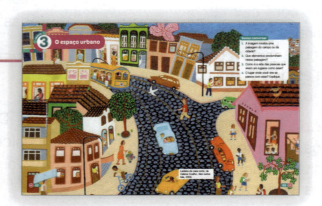

Capítulos e atividades

Você vai aprender muitas coisas novas ao estudar o capítulo e fazer as atividades!

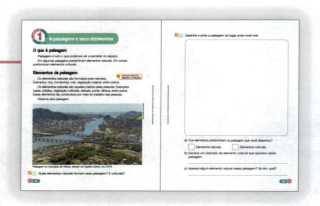

O mundo que queremos

Nesta seção, você vai ler, refletir e realizar atividades sobre atitudes: como se relacionar com as pessoas, valorizar e respeitar diferentes culturas, preservar a natureza e cuidar da saúde.

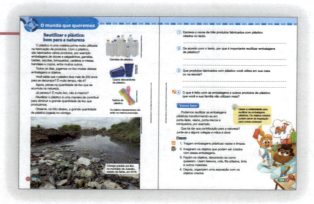

Para ler e escrever melhor

Você vai ler um texto e perceber como ele está organizado.

Depois, vai escrever um texto com a mesma organização. Assim, você vai aprender a ler e a escrever melhor.

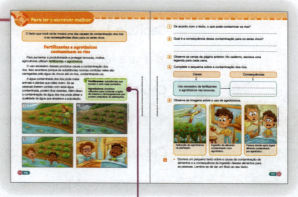

Palavras que talvez você não conheça são explicadas neste boxe verde.

O que você aprendeu

Atividades para você rever o que estudou na unidade e utilizar o que aprendeu em outras situações.

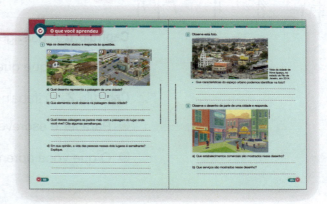

ÍCONES UTILIZADOS

Ícones que indicam como realizar algumas atividades:

 Atividade oral

 Atividade no caderno

 Atividade em dupla

 Atividade em grupo

 Desenho ou pintura

Ícone que indica 7 atitudes para a vida:

Ícone que indica os objetos digitais:

Sumário

UNIDADE 1 — A paisagem 10

Capítulo 1. A paisagem e seus elementos 12
- Para ler e escrever melhor: *Os elementos da paisagem* 16

Capítulo 2. As paisagens são transformadas 18
- O mundo que queremos: *Onde está o rio?* 22

Capítulo 3. Representando a paisagem 24
- O que você aprendeu 32

UNIDADE 2 — O espaço rural 36

Capítulo 1. A paisagem e a vida no campo 38
- O mundo que queremos: *Conservação ambiental no espaço rural* 46

Capítulo 2. O trabalho no campo 48
- Para ler e escrever melhor: *O que a fábrica produz com o milho?* 54
- O que você aprendeu 56

UNIDADE 3 — O espaço urbano 62

- **Capítulo 1.** A paisagem e a vida na cidade 64
- **Capítulo 2.** A vida na cidade 68
- **Capítulo 3.** As cidades têm história 72
- Para ler e escrever melhor: *A história de Cuiabá* 76
- **Capítulo 4.** O trabalho na cidade 78
- O mundo que queremos: *A oferta de serviços públicos é desigual* 86
- O que você aprendeu 88

UNIDADE 4 — Cuidados com a natureza e seus recursos 94

- **Capítulo 1.** As pessoas utilizam recursos da natureza 96
- **Capítulo 2.** Água: usar bem para ter sempre 104
- **Capítulo 3.** A degradação ambiental no campo e na cidade 108
- Para ler e escrever melhor: *Fertilizantes e agrotóxicos contaminam os rios* 116
- **Capítulo 4.** O que fazer com o lixo? 118
- O mundo que queremos: *Reutilizar o plástico: bom para a natureza* 122
- O que você aprendeu 124

UNIDADE 1 — A paisagem

Paisagem na cidade de Paris, na França, em 2017.

Paisagem na cidade de Salvador, estado da Bahia, em 2017.

Paisagem no município de Novo Airão, estado do Amazonas, em 2017.

Paisagem no município de Bom Jesus da Serra, estado da Bahia, em 2016.

Vamos conversar

1. Que diferenças você observa entre as paisagens mostradas nas fotos?
2. Com base nas fotos, liste elementos formados pela natureza e elementos criados pelo ser humano.
3. Esses elementos existem no lugar onde você vive?

11

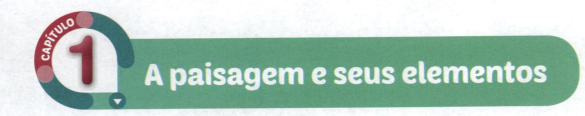

CAPÍTULO 1 — A paisagem e seus elementos

O que é paisagem

Paisagem é tudo o que podemos ver e perceber no espaço.

Em algumas paisagens predominam elementos naturais. Em outras, predominam elementos culturais.

Elementos da paisagem

Atividade interativa — Naturais ou culturais?

Os **elementos naturais** são formados pela natureza. Exemplos: rios, montanhas, mar, vegetação original, entre outros.

Os **elementos culturais** são aqueles criados pelas pessoas. Exemplos: casas, prédios, vegetação cultivada, estrada, ponte, fábrica, entre outros. Esses elementos são construídos por meio do trabalho das pessoas.

Observe esta paisagem.

Paisagem no município de Vitória, estado do Espírito Santo, em 2016.

1 Quais elementos naturais formam essa paisagem? E culturais?

2 Desenhe e pinte a paisagem do lugar onde você vive.

a) Que elementos predominam na paisagem que você desenhou?

☐ Elementos naturais. ☐ Elementos culturais.

b) Escreva um exemplo de elemento cultural que aparece nessa paisagem.

_____

c) Aparece algum elemento natural nessa paisagem? Se sim, qual?

_____

Os elementos distinguem as paisagens

As paisagens são diferentes umas das outras. Isso ocorre porque os elementos que formam cada paisagem são muito variados e estão organizados de diversas maneiras.

Algumas paisagens são pouco modificadas pelos seres humanos. Outras, ao contrário, receberam grande interferência do trabalho humano.

Paisagem no município de Alto Paraíso de Goiás, estado de Goiás, em 2017.

Paisagem no município de Salvador, estado da Bahia, em 2017.

Paisagem na China, em 2016.

Paisagem nos Estados Unidos, em 2017.

Paisagem na Tailândia, em 2016.

3 Que diferenças existem entre as paisagens mostradas nas fotos desta e da página anterior?

4 Por que há essas diferenças?

5 Alguma dessas paisagens se parece com a paisagem do lugar onde você vive? Se sim, o que é semelhante?

15

Para ler e escrever melhor

O texto que você vai ler **descreve** uma paisagem.

Os elementos da paisagem

Na paisagem mostrada na foto abaixo há vários elementos culturais. Há muitas casas e alguns prédios baixos. Também há muitos barcos e carros. Há duas pontes que ligam uma parte da cidade à outra.

Os elementos naturais que formam essa paisagem são o rio, os morros ao fundo e a vegetação.

Paisagem no município de Valença, estado da Bahia, em 2016.

1 Esse texto tem título? Se sim, qual é?

_____

2 Circule as informações que aparecem no texto.

- Os elementos culturais da paisagem.
- As cores das casas.
- Os elementos naturais da paisagem.
- O tamanho dos morros.

3 Complete as informações do esquema, com base no texto que você leu.

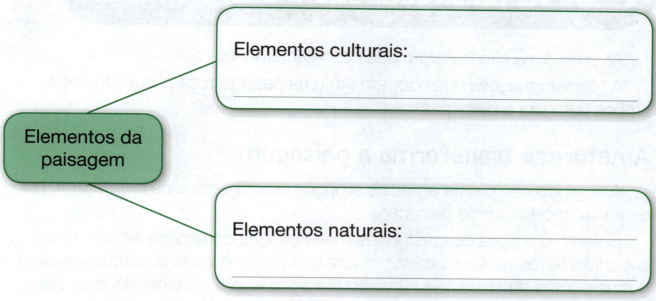

- Elementos culturais: _____
- Elementos da paisagem
- Elementos naturais: _____

4 Escreva um texto sobre a paisagem do lugar onde você vive. Siga as orientações a seguir.

a) Observe a paisagem do lugar onde você vive.

b) Complete o esquema abaixo com os elementos que você observou na paisagem.

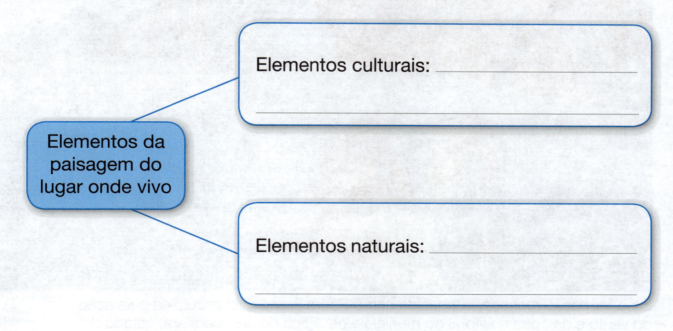

- Elementos culturais: _____
- Elementos da paisagem do lugar onde vivo
- Elementos naturais: _____

c) Escreva seu texto com base nas informações do esquema.

d) Lembre-se de dar um título ao seu texto.

17

CAPÍTULO 2 — As paisagens são transformadas

As paisagens são transformadas constantemente.

As transformações que ocorrem em uma paisagem são causadas pela própria natureza e pelas pessoas.

A natureza transforma a paisagem

A ação do vento e da água, as erupções vulcânicas e os terremotos, por exemplo, modificam as paisagens.

O vento e a água desgastam os materiais que compõem as rochas da superfície terrestre. Os materiais originados desse processo acumulam-se em outros pontos da superfície. O vento e a água levam milhares de anos para alterar a paisagem.

Essa formação rochosa, conhecida como Pedra Furada, foi esculpida pela ação do vento e da água no litoral do município de Jijoca de Jericoacoara, estado do Ceará. Foto de 2017.

1. No lugar onde você vive há paisagens parecidas com a mostrada acima?

As erupções vulcânicas e os terremotos podem provocar aberturas ou fendas na superfície terrestre e podem gerar rebaixamento ou elevações dos terrenos. Os tremores causados pelos terremotos também podem destruir construções em pouco tempo, alterando rapidamente a paisagem.

Observe, na foto 1, a cidade de Amatrice, na Itália, em 2015.

Cidade de Amatrice em 2015.

Observe, na foto 2, a cidade de Amatrice após a ocorrência de um terremoto em 2016.

Cidade de Amatrice em 2016.

2 Que mudanças ocorreram na paisagem da cidade de Amatrice após o terremoto?

As pessoas transformam a paisagem

Por meio do trabalho, as pessoas adaptam o lugar onde vivem ao seu modo de vida, isto é, às suas necessidades e aos seus interesses, modificando as paisagens. Para construir estradas, casas, lojas, fábricas, hospitais, ruas, cultivar alimentos e criar animais, por exemplo, as pessoas retiram a vegetação, aplainam morros, canalizam ou alteram o curso dos rios.

Aplainam: tornam plano, nivelam o terreno.

  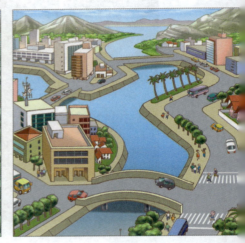

ILUSTRAÇÕES: ROKO

Mesmo com as mudanças que vão ocorrendo na paisagem, podemos perceber que alguns elementos permanecem. Pode ser um rio, uma mata ou uma construção, como igreja, fábrica, teatro, ponte ou viaduto.

Às vezes, a função do elemento que permaneceu na paisagem muda, por exemplo: a fábrica pode ser transformada em museu ou o teatro pode ser transformado em cinema.

3. **Pense na paisagem do lugar onde você vive.**

   a) Você se lembra de alguma alteração na paisagem causada pelas pessoas? Se sim, qual?

   b) No lugar onde você vive há alguma construção antiga? Se sim, qual? Ela ainda tem a mesma função de quando foi construída?

4 Compare as imagens e responda às questões.

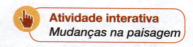

Cartão-postal que circulou no ano de 1912, mostrando parte da cidade do Rio de Janeiro.

Vista da mesma parte da cidade do Rio de Janeiro, em 2016.

a) As fotos mostram o mesmo lugar? Como você sabe?

_____

_____

b) Que mudanças ocorreram na paisagem desse lugar?

_____

_____

c) Por que essas mudanças aconteceram?

_____

_____

O mundo que queremos

Onde está o rio?

No processo de construção das cidades, as paisagens são modificadas. Muitos elementos da paisagem desaparecem, outros surgem. Um dos elementos da paisagem mais modificados nas cidades são os rios.

Em muitos lugares, os rios são desviados e canalizados. Sobre os rios canalizados são construídas ruas e avenidas, que podem esconder os rios do olhar das pessoas.

Observe a paisagem mostrada na foto.

Avenida Nove de Julho, na cidade de São Paulo, estado de São Paulo, em 2016.

É difícil imaginar que por baixo dessa avenida corre um rio, não é mesmo? Muitas pessoas que moram ou trabalham nas proximidades ou passam pelo local diariamente não sabem que por ali passa um rio!

1. Por que não é possível ver o rio nessa paisagem?
___
___

2. Você acha que a paisagem seria muito diferente se pudéssemos ver o rio? Explique.
___
___

3. Nas proximidades de sua casa ou de sua escola existem rios canalizados e cobertos por ruas e avenidas? Como você sabe?
___
___

Vamos fazer

Você estudou como as pessoas modificam a paisagem para atender às suas necessidades. Agora, que tal pesquisar outros exemplos de rios que não podem mais ser vistos na paisagem?

> Se acharem necessário, **tentem outras maneiras** de encontrar as informações.

Etapas

1. Reúna-se com um colega e pesquisem em livros e na internet sobre rios canalizados que passam debaixo de ruas e avenidas.

2. Em uma cartolina, desenhem ou colem imagens dessas ruas e avenidas que cobrem os rios.

3. Façam uma legenda para cada imagem, escrevendo a localização do rio e o nome da rua ou avenida que foi construída sobre ele.

4. Exponham os cartazes na sala de aula.

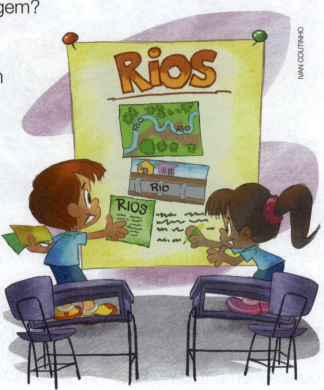

23

Representando a paisagem

Este desenho representa a paisagem de um bairro.

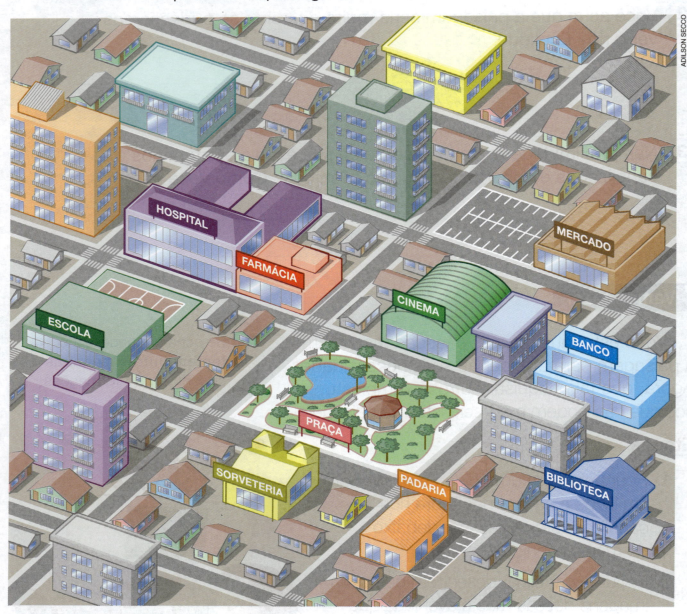

Nesse desenho, o bairro foi representado em **visão oblíqua**, isto é, visto **de cima e de lado**.

Agora, imagine que você está em um helicóptero sobrevoando esse bairro. Como você veria as ruas, as casas, as lojas e outros elementos do bairro lá de cima?

O desenho a seguir representa como você veria os elementos do bairro olhando-o de cima.

Nesse desenho, o bairro foi representado em **visão vertical**, isto é, visto **de cima**.

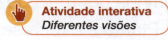
Atividade interativa
Diferentes visões

1 No desenho acima, circule o mercado de azul e a escola de verde.

2 Qual é o elemento do bairro que está indicado com o número 1?

_____

• E qual é o elemento indicado com o número 2?

_____

25

Planta: uma forma de representação

Observe a imagem a seguir. Ela representa parte do município de Barrinha, no estado de São Paulo, em visão vertical.

Parte do município de Barrinha, no estado de São Paulo, em 2016.

Com base nessa imagem, podemos representar essa parte de Barrinha por meio de uma planta.

Planta é a representação de um lugar visto de cima, isto é, em visão vertical.

Na planta, os elementos existentes nesse lugar são representados por símbolos e cores. A **legenda** da planta informa o significado dos símbolos e das cores.

3 Na imagem acima, o que o número 1 indica?

Agora, observe a planta dessa parte de Barrinha.

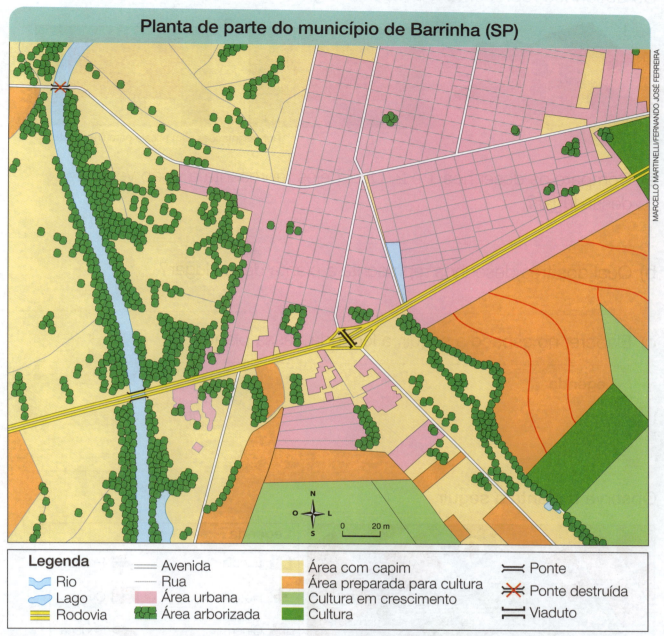

Planta de parte do município de Barrinha, estado de São Paulo, em 2016.

4. Na planta acima, localize o rio e identifique-o com o número 1.

5. O que é planta?

_____

_____

6. Qual é a função da legenda de uma planta?

_____

7 Os desenhos representam o mesmo lugar.

Representações sem escala para fins didáticos.

a) Compare os desenhos 1 e 2. Qual deles representa a visão vertical desse lugar?

_____

b) Qual dos três desenhos representa a planta desse lugar?

_____

c) Elabore, no espaço a seguir, a legenda dessa planta.

Legenda

8 Observe a planta a seguir.

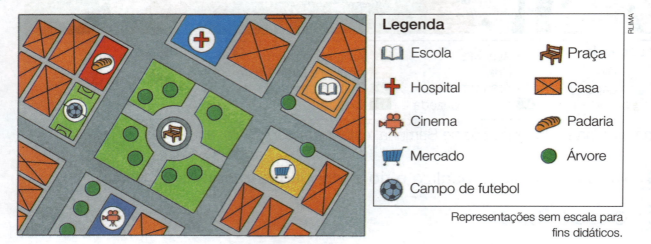

Representações sem escala para fins didáticos.

- Que elementos foram representados nessa planta? Como você sabe disso?

_____

_____

28

9 Observe as imagens 1 e 2. Elas mostram o mesmo lugar.

a) Qual das imagens mostra esse lugar em visão vertical?

_____

b) Qual das plantas abaixo representa o lugar mostrado na imagem 2?

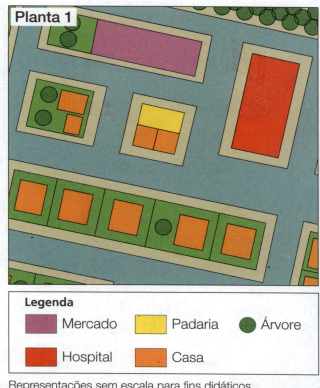

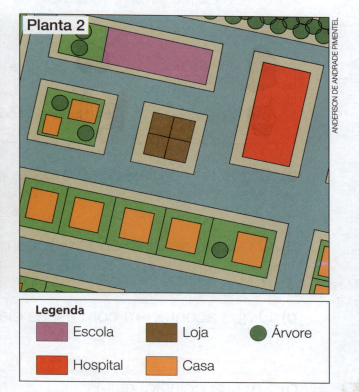

Representações sem escala para fins didáticos.

10 Leia e responda.

No bairro onde Lucas mora serão construídos um *shopping center* e um supermercado.

Observe, na planta 1, como é o bairro atualmente, e, na planta 2, como ele ficará depois da construção do *shopping center* e do supermercado.

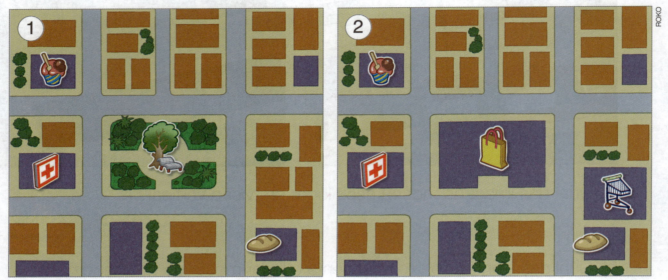

Representações sem escala para fins didáticos.

a) O que há no local onde o *shopping center* será construído?

___

b) O que há no local onde o supermercado será construído?

___

c) O que acontecerá com esses elementos que você citou?

___

d) Em sua opinião, essas mudanças trarão vantagens aos moradores?

Ao expor sua opinião, explique suas ideias com clareza. Organizar o pensamento antes de falar sempre ajuda!

11 Observe a foto e a planta que representa o lugar mostrado na foto. Depois, complete a legenda da planta.

Vista vertical do Museu Nacional, município do Rio de Janeiro, estado do Rio de Janeiro, em 2011.

Fonte: Graça M. L. Ferreira; Marcello Martinelli. *Atlas geográfico ilustrado*. 4. ed. São Paulo: Moderna, 2012.

Legenda
- Área arborizada
- Lago
- Pedrisco
- Pavimento
- _____

O que você aprendeu

1. Observe as fotos 1 e 2.

Paisagem no município de Prado, estado da Bahia, em 2017.

Paisagem no município de Montes Claros, estado de Minas Gerais, em 2016.

a) Em qual das fotos predominam elementos naturais?

_____

• Que elementos naturais aparecem nessa foto?

_____

_____

b) Em qual das fotos predominam elementos culturais?

_____

• Escreva dois exemplos de elementos culturais que aparecem nessa foto.

_____

_____

2 Leia este trecho de um poema e responda.

A rua diferente

Na minha rua estão cortando
árvores
botando trilhos
construindo casas.

Minha rua acordou mudada.
Os vizinhos não se
conformam.

Carlos Drummond de Andrade. *Poesia completa*. Rio de Janeiro: Nova Aguilar, 2003. p. 13.

a) Quais mudanças estão ocorrendo nessa rua?

_____
_____
_____

b) As pessoas que moram nessa rua gostaram dessas mudanças?

_____
_____
_____

c) Na sua opinião, por que você acha que ocorreram essas mudanças na rua?

_____
_____
_____

d) No seu caderno, faça um desenho de como você acha que ficou a rua do poema após as mudanças.

3) Ops! As afirmativas abaixo estão incorretas. Reescreva-as corrigindo.

a) A visão oblíqua é aquela vista de cima para baixo.

b) A visão vertical é aquela vista de cima e de lado.

_____

_____

_____

_____

4) Observe os desenhos.

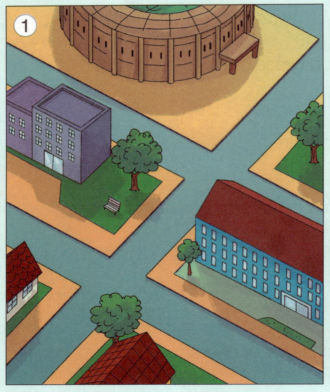 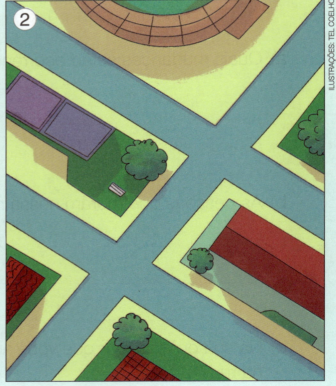

Representações sem escala para fins didáticos.

a) Qual dos desenhos mostra um lugar em visão vertical?

_____

b) E qual deles mostra um lugar em visão oblíqua?

_____

5 Observe a imagem.

Visão vertical de parte do município de Farroupilha, estado do Rio Grande do Sul, em 2017.

- Com base nessa imagem, elabore a planta do lugar mostrado. Siga as etapas.

Materiais de que você vai precisar

Papel transparente (papel vegetal ou papel de seda), papel branco, lápis, borracha, lápis de cor, clipes.

Etapas

1. Utilizando clipes, prenda o papel transparente sobre a foto desta página.

2. Com o lápis, contorne os elementos que aparecem na foto.

3. Pinte cada tipo de elemento com uma cor. Exemplo: casas com a cor vermelha; vegetação com a cor verde etc. Depois, organize a legenda e dê um título para a planta.

4. Cole a planta sobre o papel branco e exponha no mural da sala.

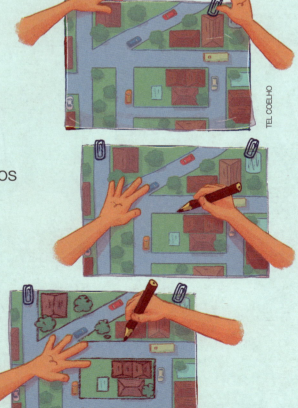

35

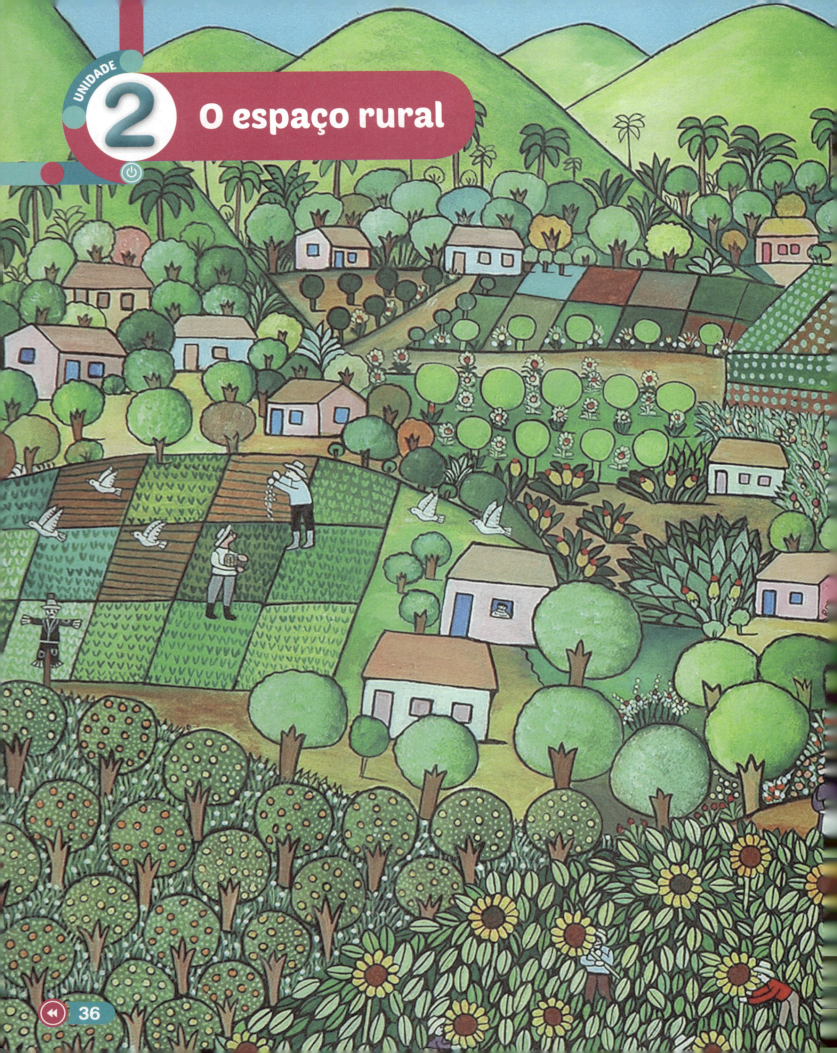

UNIDADE 2
O espaço rural

Vamos conversar

Observe a imagem. Ela representa uma paisagem do campo.

1. Que elementos naturais aparecem nesta paisagem? E que elementos culturais aparecem?
2. O que as pessoas representadas na imagem estão fazendo?
3. Que semelhanças existem entre a paisagem mostrada nesta imagem e a paisagem do lugar onde você vive? E que diferenças existem?

Colheita de girassóis, de Wilma Ramos, acrílico sobre tela, 2008.

A paisagem e a vida no campo

Paisagens rurais

Na paisagem do campo, ou área rural, há poucas construções e, geralmente, elas ficam dispersas, isto é, não ficam perto umas das outras, como acontece nas cidades. As casas, por exemplo, ficam afastadas umas das outras e cercadas por plantações, pastos ou matas.

Também há poucas ruas e a maioria dos caminhos é de terra.

Há poucas lojas, fábricas e hospitais.

Por essas características, dizemos que o campo é o espaço da dispersão, da baixa concentração de construções, de pessoas e de veículos e das atividades ligadas à natureza.

Observe as fotos desta e da próxima página. Elas mostram diversas paisagens rurais.

Vista de área rural no município de Rosário do Ivaí, estado do Paraná, em 2017.

Paisagem rural no município de Nazaré, estado da Bahia, em 2016.

Propriedade rural no município de Capitólio, estado de Minas Gerais, em 2017.

Paisagem rural no município de Itapira, estado de São Paulo, em 2016.

1. Quais diferenças você observa entre essas paisagens do campo?

- O que é comum em todas elas?

_____
_____
_____
_____

39

2 Observe a paisagem do lugar onde Caíque mora e responda.

a) Quais são os elementos naturais que aparecem no desenho?
_____
_____

b) Quais são os elementos culturais que aparecem no desenho?
_____
_____

c) O que há na frente de Caíque?
_____

d) E à direita de Caíque?
_____

e) O que há à esquerda de Caíque?
_____

f) Onde está a horta?
_____

Campo: uma forma diferente de organizar o espaço

As pessoas organizam o espaço para atender às suas necessidades, alterando a natureza.

Você já deve ter percebido que a forma de organização do espaço no campo é diferente da forma de organizar o espaço na cidade. No campo, predominam chácaras, sítios, fazendas e áreas de matas ou florestas. A concentração de pessoas é menor e as atividades agrícolas predominam no campo.

Observe nestas imagens como o espaço do campo e o espaço da cidade foram organizados.

Paisagem no município de Londrina, estado do Paraná, em 2016.

Paisagem no município de Sorocaba, estado de São Paulo, em 2017.

3 Que diferenças há na organização dos espaços do campo e da cidade?

4 O que mais chama a sua atenção ao comparar esses espaços? Por quê?

41

Representando o espaço rural na planta

Desde o início desta unidade até o momento, você observou diversas imagens representando o espaço rural.

Reveja essas imagens e pense: o que há em comum entre elas?

Em todas essas imagens, o espaço rural foi representado em visão oblíqua.

Agora, você vai ver uma imagem representando o campo em visão vertical.

Vista de área rural no município de Itajaí, estado de Santa Catarina, em 2017.

5) Quais elementos mostrados nessa imagem permitem afirmar que esse espaço é rural?

___

___

___

42

Agora, observe esta outra imagem. Ela é a planta do espaço rural mostrado na página anterior. Você lembra o que é a planta de um lugar? Para relembrar, consulte a página 26 deste livro.

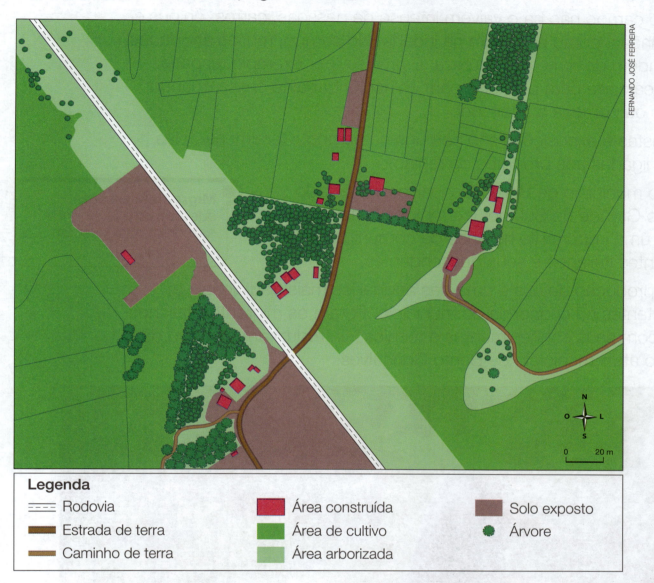

6 Na foto da página anterior, qual é o elemento identificado com o número 1?

7 Na planta, escreva 1 no local que representa esse elemento.

8 Observe a planta e sua legenda. O que cada um destes símbolos representa na planta?

43

A vida no campo

A vida no campo é menos agitada do que na cidade.

No campo não há o vaivém intenso de pessoas, carros, ônibus e caminhões, como é comum na cidade. No campo, muitas atividades dependem do ritmo da natureza. É preciso, por exemplo, esperar a época certa para plantar e para colher. O trabalho cessa quando chove ou começa a anoitecer.

Festas e exposições são comuns no campo. Geralmente, elas estão ligadas aos produtos da região.

No município de Bento Gonçalves, no estado do Rio Grande do Sul, por exemplo, a festa da uva é uma importante herança da comunidade de migrantes italianos e seus descendentes.

> **Migrantes:** pessoas que deixam o lugar onde nasceram para viver em outro lugar.

A produção de uva é uma das atividades mais tradicionais e importantes na economia do município. Foram os migrantes italianos que, com seus conhecimentos e técnicas, introduziram o cultivo da uva no atual município de Bento Gonçalves.

Colheita de uva no município de Bento Gonçalves, estado do Rio Grande do Sul, em 2015.

9 No lugar onde você vive há alguma festa de comunidades de migrantes de outros países?

10 E no lugar onde você vive, há algum produto de destaque na economia? Vamos descobrir?

a) Pesquise em livros, jornais, revistas e na internet para descobrir um produto cuja produção seja uma atividade econômica importante no lugar onde você vive.

b) Pesquise, também, quando e como a produção desse produto começou e se há alguma festa ou exposição relacionada a ele no lugar onde você vive. Anote o que descobriu.

_____
_____
_____
_____
_____
_____
_____
_____
_____
_____
_____
_____
_____
_____
_____

- Conte sobre suas descobertas aos colegas e ao professor.

O mundo que queremos

Conservação ambiental no espaço rural

Você sabe o que é uma unidade de conservação?

A **unidade de conservação** é uma área de proteção ambiental instituída pelos governos.

Na formação das propriedades rurais, isto é, das fazendas, chácaras e sítios, geralmente se destrói a mata nativa para dar lugar às plantações e às pastagens.

No entanto, em muitas propriedades rurais ainda restam algumas áreas de mata nativa, com diversas espécies animais e vegetais.

Se um proprietário rural quiser, ele pode criar uma unidade de conservação chamada **reserva particular do patrimônio natural** (RPPN), com os objetivos de:

- assegurar a utilização sustentável dos recursos naturais da propriedade, isto é, utilizar os recursos naturais sem esgotá-los, para que as futuras gerações também possam utilizá-los;
- organizar a ocupação da propriedade para ajudar na recuperação de áreas degradadas;
- promover a conservação da biodiversidade.

Mata nativa: mata original, que não sofreu alterações.

Biodiversidade: diversidade de espécies de seres vivos existentes em determinado local.

Reserva particular do patrimônio natural no município de Cavalcante, estado de Goiás, em 2016.

46

1. O que é uma unidade de conservação?

2. O que significa utilização sustentável dos recursos naturais?

3. Em sua opinião, é importante que os proprietários rurais conservem a natureza no espaço rural? Por quê?

Vamos fazer

A reserva particular do patrimônio natural é um exemplo de unidade de conservação. Outros exemplos são: parque nacional, estação ecológica, reserva biológica, reserva extrativista, reserva de desenvolvimento sustentável, floresta nacional.

Vamos conhecer um pouco mais sobre as unidades de conservação? Junte-se a um colega e sigam as etapas.

Etapas

1. Pesquisem em livros, revistas e na internet informações sobre um exemplo de unidade de conservação. Procurem descobrir quais são as principais funções da unidade de conservação que vocês escolheram e anotem suas descobertas no caderno.

2. Pesquisem para saber se existe alguma unidade de conservação no lugar onde vocês vivem. Se houver, pesquisem informações sobre ela, como nome, localização e principais funções.

O trabalho no campo

A agricultura

Maçã, laranja, abacaxi, limão, alface, agrião, tomate, batata, feijão, milho, arroz e muitos outros alimentos que consumimos no dia a dia são produzidos no campo. Você sabe qual é a atividade econômica que produz esses alimentos?

Se você respondeu agricultura, acertou!

A **agricultura** é a atividade econômica responsável pelo cultivo da terra: preparar o solo, semear e, no tempo certo, colher o que foi produzido.

A agricultura é uma das atividades que mais dependem da natureza. Longos períodos de chuva ou de seca, por exemplo, interferem na produção agrícola.

> **Semear:** colocar as sementes na terra para germinar.

Colheita de manga no município de Petrolina, estado de Pernambuco, em 2015.

1 De que modo a natureza influencia as atividades de trabalho no campo?

Muitos produtos agrícolas podem ser consumidos *in natura*

Você já deve ter comido uma maçã na hora do lanche. A maçã é um alimento produzido pela agricultura que pode ser consumido *in natura*, isto é, sem passar por transformação na indústria. Há muitos produtos agrícolas consumidos *in natura*: hortaliças, legumes, frutas etc.

Os produtos agrícolas podem ser transformados em alimentos industrializados

Muitos produtos da agricultura podem ser consumidos como alimentos industrializados. A maçã, por exemplo, pode ser consumida na forma de suco fabricado pela indústria.

2 De acordo com o esquema acima, explique o caminho que a maçã percorre até chegar à feira como produto *in natura* e até chegar ao supermercado como produto industrializado.

A pecuária

A **pecuária** é a atividade econômica responsável pela criação e pela reprodução de animais.

Alimentos como a carne, o leite e os ovos são fornecidos pela pecuária. Além de alimentos, a pecuária também fornece matérias-primas para a fabricação de produtos industrializados.

> **Matérias-primas:** produtos, naturais ou não, que, na indústria, podem ser transformados em outros produtos.

Com o leite, por exemplo, a indústria fabrica queijos e iogurtes. Bolsas e calçados são fabricados pela indústria com o couro dos animais.

Criação de bois no município de Aquidauana, estado de Mato Grosso do Sul, em 2014.

Criação de porcos no município de Ortigueira, estado do Paraná, em 2016.

3 Com a ajuda de um familiar, responda: no seu dia a dia, você e sua família consomem ou utilizam produtos de origem animal?
Se sim, quais?

_____

_____

_____

- Desenhe alguns dos produtos que você citou.

4 A pecuária é uma atividade desenvolvida no lugar onde você vive?

_____

_____

- Se sim, que animais são criados?

_____

_____

5. Observe os produtos que Luciano e seu pai compraram no mercado.

Os produtos não foram representados em proporção.

Multimídia
O caminho dos alimentos

a) Qual desses produtos é produzido pela pecuária?
_____

b) Quais desses produtos são produzidos pela agricultura?
_____

 c) Quais desses produtos são produzidos pela indústria?

 Para responder à pergunta, **use o que você já sabe** sobre a produção dos alimentos.

_____

6. Liste cinco alimentos consumidos por você e sua família que são produzidos no campo.
_____
_____

O extrativismo

O **extrativismo** é a atividade econômica responsável pela extração ou coleta de recursos naturais para fins comerciais ou industriais.

Para fabricar panelas, fogões, geladeiras, automóveis, computadores, aviões, máquinas e equipamentos diversos, entre muitos outros produtos, a indústria utiliza recursos minerais extraídos da natureza, por exemplo minério de ferro, alumínio, cobre, estanho, ouro, entre outros. A extração desses recursos é uma **atividade extrativa mineral**.

Móveis, papel e papelão, por exemplo, são produzidos com a madeira de árvores. A extração de madeira é uma **atividade extrativa vegetal**.

A pesca e a caça de animais constituem **atividade extrativa animal**.

Pescador no município de Paraty, estado do Rio de Janeiro, em 2016.

7 Qual é o tipo de extrativismo realizado para obter o recurso utilizado na fabricação destes produtos?

Os produtos não foram representados em proporção.

Para ler e escrever melhor

> O texto que você vai ler apresenta **exemplos** de produtos fabricados com o milho, matéria-prima proveniente da agricultura.

O que a fábrica produz com o milho?

A agricultura fornece muitas matérias-primas para as fábricas.

Com essas matérias-primas as fábricas produzem diversos produtos que utilizamos em nosso dia a dia.

O milho é uma matéria-prima proveniente da agricultura. Nas fábricas, o milho pode ser transformado em farinha de milho e, também, em óleo para cozinhar.

Plantação de milho no município de Paranapanema, estado de São Paulo, em 2014.

1 Qual é o tema do texto?

_____
_____
_____
_____

2 Quantos exemplos foram citados no texto?

_____
_____

- Grife, no texto, esses exemplos.

54

3 Preencha o quadro com os exemplos de produtos citados no texto.

	Produtos fabricados com o milho
Exemplo 1	
Exemplo 2	

4 O esquema abaixo mostra exemplos de produtos que são fabricados com outra matéria-prima.

a) Qual é a matéria-prima mostrada no esquema?

_____

b) De que atividade se origina essa matéria-prima?

_____

c) De acordo com o esquema, que produtos as fábricas podem produzir com essa matéria-prima?

_____

d) Com base nessas informações, escreva um texto apresentando exemplos de produtos fabricados com essa matéria-prima.

Lembre-se de dar um título ao seu texto.

55

O que você aprendeu

1 Marque os desenhos que mostram elementos que predominam na paisagem do campo.

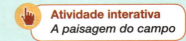

- Quais desses desenhos mostram elementos que predominam na paisagem do lugar onde você vive?

---

2 Leia o texto e responda no caderno.

Lazer no campo

No campo podem ser desenvolvidas várias atividades de lazer e turismo: pesca em rios; passeios ecológicos, como trilhas na mata ou banhos de cachoeira; esportes de aventura, como o *rafting*; ou simplesmente descansar e curtir a natureza em um hotel fazenda.

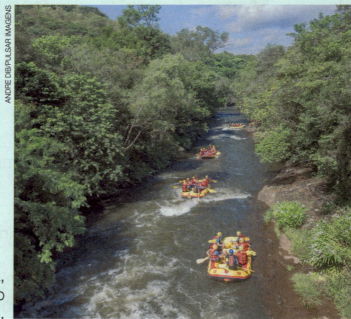

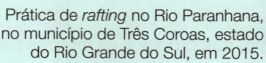
Prática de *rafting* no Rio Paranhana, no município de Três Coroas, estado do Rio Grande do Sul, em 2015.

a) Quais atividades de lazer e turismo foram citadas no texto?

b) Você já fez alguma dessas atividades? Se sim, descreva essa experiência.

c) Você conhece outras atividades de lazer e turismo que podem ocorrer no campo? Quais?

3 Observe a imagem.

a) A imagem mostra uma paisagem do campo. Que elementos existentes nessa paisagem justificam essa afirmativa?

_____
_____
_____
_____

b) O que as pessoas que moram no campo podem fazer para se divertir?

_____
_____
_____

c) E você, o que faz para se divertir no lugar onde vive?

_____
_____
_____

4 Complete as frases utilizando corretamente as palavras do quadro.

> agricultura   indústria
> industrializados   *in natura*

a) Os produtos consumidos _____ não são transformados pela _____ .

b) Muitos produtos da _____ são utilizados na fabricação de alimentos _____ .

5 Desenhe, no quadro, outro exemplo de produto agrícola que pode ser consumido *in natura* ou transformado pela indústria.

Produto agrícola	Consumo *in natura*	Alimento industrializado
(tomates)	(salada)	(molho de tomate)

6 Em uma folha, desenhe três alimentos que você consome *in natura*.

a) Exponha o seu desenho no mural da sala, junto com os desenhos dos demais colegas.

b) Observe os desenhos e liste os alimentos *in natura* que são consumidos pela turma.

7 Encontre as peças que se encaixam para formar três afirmativas corretas. Copie essas afirmativas.

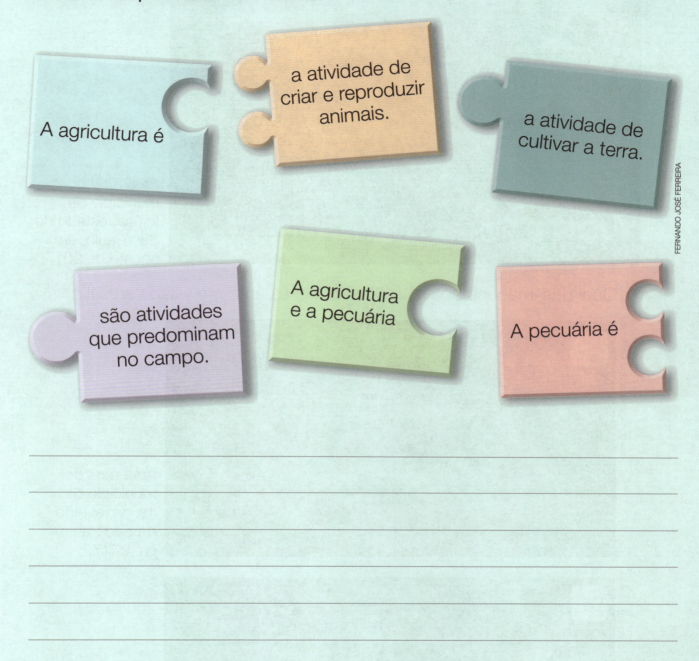

_____
_____
_____
_____
_____
_____

8 Além da agricultura e da pecuária, que outras atividades econômicas se desenvolvem no campo?

_____
_____
_____

9 Observe esta imagem de uma área rural.

Área rural do município de Ibiúna, estado de São Paulo, em agosto de 2017.

- Qual das imagens abaixo representa essa área em visão vertical?

Área rural do município de Ibiúna, estado de São Paulo, em 2017.

Área rural do município de Ibiúna, estado de São Paulo, em 2017.

60

10 Agora, observe a planta dessa área rural.

Planta de área rural no município de Ibiúna, estado de São Paulo, em 2017.

- Complete a legenda da planta com o que falta.

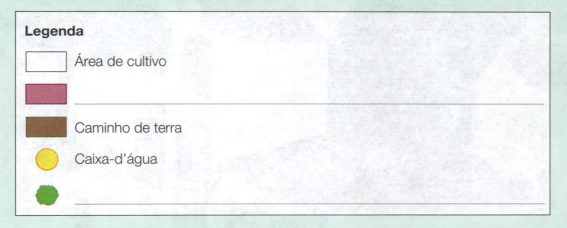

11 Junte-se a um colega e pesquisem imagens de paisagens do campo em jornais e revistas. Recortem e colem as imagens em folhas avulsas. Depois, elaborem legendas descrevendo as paisagens. Mostrem as imagens para o professor e os colegas e respondam às questões.

a) O que há de semelhante entre as imagens? E de diferente?

b) Na opinião de vocês, por que existem essas diferenças?

61

UNIDADE 3
O espaço urbano

HELENA COELHO - GALERIA JACQUES ARDIES

Vamos conversar

1. A imagem mostra uma paisagem do campo ou da cidade?
2. Que elementos predominam nessa paisagem?
3. Como é a vida das pessoas que vivem em lugares como esse?
4. O lugar onde você vive se parece com esse? Explique.

Ladeira da casa torta, de Helena Coelho, óleo sobre tela, 2005.

CAPÍTULO 1 — A paisagem e a vida na cidade

Conhecendo a cidade

Na cidade há muitas casas, prédios, ruas, avenidas, escolas, lojas, bancos, hospitais, fábricas e outras construções.

Na cidade, as construções ficam bem próximas umas das outras. Por isso, dizemos que a cidade é o espaço da aglomeração, da concentração de construções, de pessoas e das mais variadas atividades econômicas.

Observe algumas paisagens urbanas.

Cidade de Vargem Bonita, estado de Minas Gerais, em 2017.

Cidade de Balneário Camboriú, estado de Santa Catarina, em 2016.

64

Cidade de Goiânia, estado de Goiás, em 2015.

1. Quais diferenças você observa entre as paisagens dessas cidades?

___

2. O que é comum em todas elas?

___

3. Você considera urbano o lugar onde vive? Por quê?

Você deve ter percebido que na paisagem urbana quase não se observam mais os elementos da natureza em sua forma original. Esses elementos foram retirados ou transformados pelo trabalho humano. Por isso, dizemos que a cidade é uma construção humana.

Representando a cidade

Observe, na imagem a seguir, parte da cidade do Recife, no estado de Pernambuco. Essa parte da cidade foi representada em visão vertical.

Visão vertical da cidade do Recife, estado de Pernambuco, em 2017.

4 Quais elementos aparecem na imagem?

_____
_____
_____
_____

5 Nessa paisagem predominam elementos naturais ou culturais?

_____
_____

Agora, observe a planta da cidade do Recife, feita com base na imagem da página anterior.

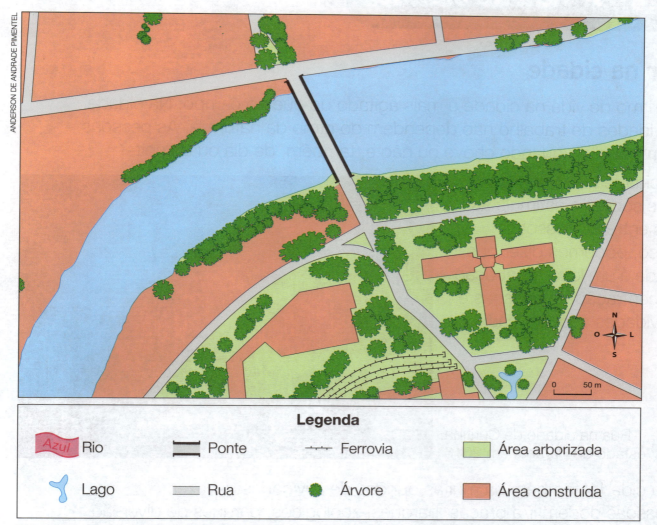

Planta da cidade do Recife, no estado de Pernambuco em 2017.

6 Quais são os elementos representados nessa planta?
_____
_____

7 Na legenda está faltando o símbolo de um elemento que foi representado na planta. Que elemento é esse?
_____

- Crie um símbolo para esse elemento na legenda.

8 Quais elementos representados na planta existem no lugar onde você vive?

CAPÍTULO 2 — A vida na cidade

Viver na cidade

O ritmo de vida na cidade é mais agitado do que no campo. Na cidade, as atividades de trabalho não dependem do ritmo da natureza. As pessoas podem trabalhar quando chove ou não e, também, de dia ou de noite.

A cidade atrai variados grupos sociais e estimula as trocas entre as pessoas. Por isso, podemos dizer que a cidade é um local de atração e concentração de pessoas e de atividades econômicas.

Rua na cidade de Curitiba, estado do Paraná, em 2016.

Na cidade, também há muitas opções de atividades de lazer. As pessoas podem ir a praças, parques, zoológicos, parques de diversão, *shopping centers*, cinemas, teatros, museus etc.

Museu na cidade de São Paulo, estado de São Paulo, em 2017.

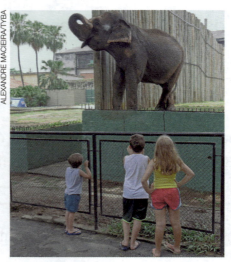

Zoológico na cidade do Rio de Janeiro, estado do Rio de Janeiro, em 2016.

1 Que atividades de lazer há no lugar onde você vive?

As pessoas que vivem em uma cidade podem ter diferentes origens, isto é, elas podem ter vindo de outras cidades, de outros estados e até de outros países. Essas pessoas são migrantes.

A influência de alguns grupos de migrantes que vivem na cidade pode ser percebida nas construções, nos hábitos alimentares e nas festas culturais que acontecem na cidade.

Na cidade de Pomerode, no estado de Santa Catarina, por exemplo, há muitos migrantes que vieram de um país bem distante do Brasil, chamado Alemanha. As construções da cidade refletem a maneira de construir dos alemães. A foto abaixo mostra uma casa de arquitetura alemã.

Construção em estilo alemão na cidade de Pomerode, estado de Santa Catarina, em 2017.

2 Há construções parecidas com essa no lugar onde você vive?

Todos os anos, os habitantes de Pomerode realizam a Festa Pomerana. Na festa, há músicas, danças e comidas típicas da Alemanha.

Festa Pomerana, na cidade de Pomerode, estado de Santa Catarina, em 2011.

69

Na cidade de Holambra, no estado de São Paulo, há muitos moradores que vieram de outro país, a Holanda.

Nessa cidade podem ser vistas várias construções de arquitetura holandesa e diversas docerias que vendem doces típicos.

Os holandeses têm um papel importante na economia da cidade, pois são grandes produtores de flores. Todos os anos, no início da primavera, acontece na cidade a Festa das Flores.

Construções de arquitetura holandesa no município de Holambra, estado de São Paulo, em 2017.

Apresentação de dança típica holandesa na Festa das Flores, no município de Holambra, estado de São Paulo, em 2016.

3. Você conhece pessoas que vieram de outros países? De onde elas vieram? O que você sabe sobre o modo de vida delas?

4. Junte-se a alguns colegas e pesquisem informações sobre um grupo de migrantes de outro país para responder às questões abaixo.

   a) Esses migrantes vieram de qual país?

   b) Quais são os hábitos alimentares e os costumes deles?

   c) Há construções com influência arquitetônica desses grupos no lugar onde vocês vivem? Que função elas têm?

   d) Há festas culturais típicas desses grupos no lugar onde vocês vivem?

   • Apresentem as conclusões da pesquisa aos colegas e ao professor.

O olhar indígena sobre a cidade

Kaxi é um menino do povo indígena Munduruku, que vive em terras dos estados de Mato Grosso, do Amazonas e do Pará. No texto a seguir, Kaxi conta a uma amiga como foi conhecer uma cidade.

A cidade vista por um indígena

[...] Ela quis saber o que eu tinha achado da cidade. Contei a ela o que vi. Disse, inclusive, que tudo ali era estranho para mim, pois não compreendia uma porção de coisas: como as pessoas moravam umas sobre as outras e quase não se falavam? Como uns deixavam outros construir casas diferentes? Como podia uns terem tanta coisa e outros não terem quase nada? Como tinha gente que morava em casas tão grandes, mas deixavam que pessoas dormissem nas ruas? Como crianças podiam trabalhar quase sem tempo para brincar? Como eu ia explicar essas coisas para meus amigos da aldeia?

Daniel Munduruku. *O diário de Kaxi*: um curumim descobre o Brasil. São Paulo: Salesiana, 2001. p. 31-33.

5 Por que Kaxi achou a cidade estranha?

6 Como você explicaria estas indagações de Kaxi sobre a cidade?

a) "[...] como as pessoas moravam umas sobre as outras [...]?"

b) "Como podia uns terem tanta coisa e outros não terem quase nada?"

7 Como você imagina ser a cidade que Kaxi visitou? Desenhe em uma folha de papel avulsa.

- Exponha o desenho para os colegas e o professor, explicando-o.

71

As cidades têm história

Conhecer a história de uma cidade é saber como ela se originou e quais mudanças ocorreram ao longo do tempo.

Podemos saber, por exemplo, quais elementos existiam em sua paisagem que atualmente não existem mais. Ou, ainda, como era o modo de vida de seus habitantes em épocas passadas.

Compare as fotos abaixo. Observe como era a cidade de Belo Horizonte em 1934 e como ela ficou em 2014.

Vista da cidade de Belo Horizonte, estado de Minas Gerais, em 1934. Ao centro, Praça da Liberdade com o Palácio da Liberdade ao fundo.

Vista do mesmo local em 2014.

1 Junte-se a um colega, observem novamente a paisagem mostrada nas fotos da página anterior e respondam às questões.

a) Quanto tempo se passou entre a data da foto 1 e a data da foto 2?

_____

b) Que mudanças ocorreram nessa paisagem?

_____

_____

_____

c) Podemos perceber que um elemento permaneceu na paisagem ao longo do tempo. Qual é esse elemento?

_____

_____

_____

2 Como era o lugar onde você vive? Como ele é atualmente? Para saber, siga as orientações.

 Antes de começar a escrever o texto, faça um rascunho e **organize as ideias**. Em seguida, passe o texto a limpo.

a) Procure duas imagens do lugar onde você vive: uma imagem mostrando-o antigamente e outra mostrando-o nos dias de hoje. Cole as imagens no caderno.

b) Quais foram as principais mudanças que aconteceram na paisagem do lugar onde você vive? Compare as imagens e escreva um texto contando como eram no passado e como são hoje:

✓ as moradias.

✓ a iluminação.

✓ as ruas e os meios de transporte.

✓ o vestuário das pessoas.

73

As cidades mudam

Ao longo do tempo, acontecem muitas transformações no espaço urbano. As cidades crescem, surgem novos bairros e o número de construções aumenta. Também são construídas ruas e avenidas.

Alguns locais ou construções da cidade podem desaparecer para dar lugar a outros ou mudam sua função. Por exemplo, uma construção que no passado servia de moradia, atualmente pode ser utilizada como museu.

3 Observe as imagens, leia as legendas e responda às questões.

No passado, a Casa das Rosas era uma moradia. Cidade de São Paulo, no estado de São Paulo, 1935.

Atualmente, a Casa das Rosas é um centro cultural. Cidade de São Paulo, no estado de São Paulo, 2017.

a) Qual era a função da Casa das Rosas no passado? E atualmente?

_____

_____

_____

b) No lugar onde você vive, há alguma construção que mudou de função ao longo do tempo? Que construção é essa?

_____

_____

_____

Mesmo que as cidades se transformem, alguns locais e construções são considerados muito importantes para determinados grupos sociais. Esses locais e construções têm um valor simbólico coletivo e são reconhecidos como **patrimônios culturais**.

No Brasil, há órgãos oficiais de preservação que são responsáveis por identificar e proteger os patrimônios culturais para que eles não desapareçam com o passar do tempo e possam ser conhecidos pelas futuras gerações.

Salvador, no estado da Bahia, foi a primeira cidade do Brasil. Na foto, centro histórico de Salvador, que é um patrimônio cultural dos brasileiros. Foto de 2015.

4 Por que alguns lugares e construções são reconhecidos como patrimônios culturais?

5 Qual é a responsabilidade dos órgãos oficiais de preservação dos patrimônios culturais?

6 Há algum lugar ou construção considerado patrimônio cultural no lugar onde você vive? Junte-se a um colega e façam uma pesquisa na internet. Anotem no caderno o que descobriram e, depois, compartilhem suas descobertas com os colegas e o professor.

Para ler e escrever melhor

O texto que você vai ler mostra uma **sequência** de fatos ao longo do tempo sobre a história de uma cidade.

A história de Cuiabá

Inicialmente, Cuiabá era um pequeno povoado chamado Forquilha, formado por pessoas que procuravam ouro e pedras preciosas.

Com o passar do tempo, novos habitantes chegaram. O povoado foi crescendo e se transformou em cidade.

Atualmente, Cuiabá é uma grande cidade e é a capital do estado de Mato Grosso.

Vista da cidade de Cuiabá, no estado de Mato Grosso, em 2014.

1 Que expressões do texto indicam a passagem do tempo?

_____
_____

2 O que deu origem à cidade de Cuiabá?

_____
_____

3 Ordene a sequência de fatos que deram origem à cidade de Cuiabá.

- ☐ Crescimento do povoado.
- ☐ Chegada de novos habitantes.
- ☐ Fundação do povoado de Forquilha.
- ☐ Transformação do povoado em cidade.

4 Complete o esquema sobre a cidade de Cuiabá.

História da cidade de Cuiabá

Inicialmente: Cuiabá era apenas um _____.

Com o passar do tempo: Chegaram _____, o povoado _____ e transformou-se em _____.

Hoje: _____ é a capital do estado de _____.

5 Escreva, no caderno, um texto contando a história do lugar onde você vive. Siga estas orientações.

a) Pesquise os fatos que mostram a origem e o desenvolvimento do lugar onde você vive ao longo do tempo.

b) Organize esses fatos seguindo o esquema da atividade 4.

c) Escreva seu texto com base no esquema que você organizou.

d) Utilize expressões que indiquem a passagem do tempo: inicialmente, no início, antigamente, com o passar do tempo, ao longo do tempo, nos dias atuais, hoje, atualmente etc.

e) Lembre-se de dar um título para o seu texto.

FÁBIO EUGÊNIO

77

O trabalho na cidade

A cidade concentra diferentes atividades econômicas.

As principais atividades desenvolvidas na cidade são a indústria, o comércio e a prestação de serviços.

O trabalho na indústria

Geralmente, as indústrias se instalam nas cidades.

Nas indústrias, os operários transformam matérias-primas em diversos produtos.

Veja no esquema a seguir como a indústria transforma a laranja em geleia de laranja.

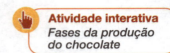

Atividade interativa
Fases da produção do chocolate

1. No campo, os agricultores produzem e colhem a laranja.
2. Na indústria, a laranja é transformada em geleia.
3. A geleia de laranja é vendida no mercado.

1 Qual é a principal matéria-prima utilizada na produção dessa geleia?

- Onde essa matéria-prima foi produzida?

2 Há alguma indústria no lugar onde você vive? O que ela produz?

3 Observe esta sequência de desenhos.

①    ②    ③

a) Que desenho representa a obtenção de matéria-prima? Qual é essa matéria-prima?

___

b) Que desenho representa um produto fabricado com essa matéria-prima? Que produto é esse?

___

c) Que desenho representa a atividade industrial? Justifique.

___
___
___

4 As imagens abaixo mostram produtos industrializados. Quais são as matérias-primas usadas na produção de cada um deles?

___

- Que atividades produzem essas matérias-primas?

___
___

79

O trabalho no comércio e nos serviços

O comércio e os serviços são atividades típicas da cidade. No campo, essas atividades também ocorrem, mas de forma menos intensa.

O comércio

O **comércio** consiste na compra e venda de mercadorias.

Os **consumidores** são as pessoas que compram a mercadoria para o seu próprio consumo. Os produtos consumidos podem ser alimentos, calçados, roupas etc. Os **comerciantes** são as pessoas que vendem as mercadorias para os consumidores.

A maior parte dos estabelecimentos comerciais está nas cidades. Na foto, interior de loja de roupas na cidade de São Paulo, estado de São Paulo, em 2017.

Frutas e hortaliças produzidas no campo são vendidas por comerciantes nas cidades. Na foto, feira livre na cidade de São Paulo, estado de São Paulo, em 2016.

5. Há atividades de comércio no lugar onde você vive? Quais?

6. Você conhece alguém que trabalha no comércio?

7 Observe o desenho abaixo, leia a legenda e responda.

Marília foi à quitanda de Seu Francisco e comprou um pacote de macarrão e alguns tomates.

a) Que mercadorias estão sendo comercializadas?

___

b) Em que estabelecimento comercial elas estão sendo vendidas?

___

c) Quem é o consumidor?

___

d) Quem é o comerciante?

___

8 Observe a sequência de cenas. Elas representam uma forma de comércio muito utilizada atualmente: o comércio eletrônico.

a) Em sua opinião, quais são as vantagens e as desvantagens desse tipo de comércio?

Antes de responder à questão *a*, **faça perguntas** a pessoas que compram dessa forma. Você pode descobrir coisas que o ajudarão a formar a sua opinião.

___

___

b) Você conhece alguém que compra dessa forma?

81

Os serviços

Serviços são atividades prestadas para uma pessoa ou empresa sem que haja a produção de mercadorias ou de bens materiais.

Porteiros, motoristas de ônibus e de táxis, médicos, professores, faxineiros, dentistas, engenheiros, advogados, eletricistas, cabeleireiros e guias de turismo são exemplos de **prestadores de serviços**.

Pintor pintando muro de uma casa na cidade de Campinas, estado de São Paulo, em 2016.

9 Observe o desenho, leia a legenda e responda.

a) Marília foi comprar alguma mercadoria no salão de Ana?

_____

_____

b) O que Marília fez no salão de Ana?

_____

_____

c) De acordo com esse desenho, Marília é consumidora e Ana é prestadora de serviços. Explique.

Marília foi ao salão de beleza de Ana para cortar os cabelos.

10 Você ou alguém de sua família já utilizou o trabalho de algum prestador de serviços?

- Se sim, que profissional era esse? Qual era a atividade dele?

11 Você conhece alguém que trabalha com prestação de serviços?

Os serviços públicos

Uma parte das atividades de serviços é chamada de serviços públicos.

Serviços públicos são os serviços essenciais necessários para assegurar e melhorar as condições de vida das pessoas.

Entre os serviços públicos, destacam-se: abastecimento de água tratada, coleta e tratamento de esgoto, coleta de lixo, iluminação pública, transporte público e serviços de saúde, educação, segurança, lazer e cultura.

Os serviços públicos devem ser oferecidos aos habitantes da cidade e do campo.

Os serviços públicos são mantidos com o dinheiro da arrecadação de impostos e taxas que as pessoas pagam ao governo. Esses serviços são responsabilidade dos governantes.

Todas as pessoas têm direito a serviços públicos de qualidade.

Jogo
Serviços públicos

Transporte público no município de São José dos Campos, estado de São Paulo, em 2016.

Policiamento no município de Diamantina, estado de Minas Gerais, em 2015.

Biblioteca pública no município de Seabra, estado da Bahia, em 2016.

Limpeza pública no município de Belém, estado do Pará, em 2014.

12 Observe as fotos e responda.

Coleta de lixo na cidade de Imbituba, estado de Santa Catarina, em 2016.

Instalação de rede de esgoto na cidade de Altamira, estado do Pará, em 2014.

Oficina mecânica na cidade de São Paulo, estado de São Paulo, em 2017.

Posto de saúde na cidade de Vitória do Xingu, estado do Pará, em 2017.

a) Quais fotos mostram serviços públicos?

☐ 1   ☐ 2   ☐ 3   ☐ 4

b) Qual foto você não marcou? Por que você não a marcou?

_____

_____

c) Os serviços públicos que você marcou existem no lugar onde você vive? Como é a qualidade desses serviços onde você vive?

_____

_____

13 Em sua opinião, o que deve ser feito para melhorar a qualidade de vida no lugar onde você vive? Converse sobre isso com os colegas e o professor.

Relações entre campo e cidade

Você deve ter percebido ao longo do estudo desta e da unidade anterior que a cidade e o campo se relacionam constantemente, trocando produtos e serviços.

Da cidade saem muitos produtos utilizados pelos habitantes do campo: roupas, calçados, ferramentas, máquinas e livros, por exemplo. Os habitantes do campo também utilizam muitos serviços encontrados nas cidades: serviços bancários, de saúde, de correios, entre outros.

Do campo sai grande parte dos alimentos consumidos pelos habitantes das cidades: frutas, hortaliças, leite, carne, entre outros. O campo também fornece muitas matérias-primas para as indústrias.

Pode-se perceber a relação entre campo e cidade observando que muitos produtos da cidade estão presentes no campo e vice-versa.

14 Que produtos o campo fornece à cidade? E a cidade, que produtos ela fornece ao campo?

_____

_____

_____

85

O mundo que queremos

A oferta de serviços públicos é desigual

Na cidade encontramos bairros com boa oferta de serviços públicos, como água tratada e encanada, coleta e tratamento de esgoto, coleta de lixo e limpeza urbana, iluminação e pavimentação de ruas, entre outros.

Também encontramos bairros que não apresentam muitos desses serviços, e, quando eles existem, são precários.

Às vezes, no mesmo bairro a oferta dos serviços públicos é desigual: enquanto algumas ruas são asfaltadas, iluminadas e têm rede de água e esgoto, outras não apresentam esses serviços.

Rua sem asfalto e sem sistema de captação de água de chuva na cidade de Palmas, estado do Tocantins, em 2015.

Avenida asfaltada e arborizada na cidade de Palmas, estado do Tocantins, em 2015.

1. Todos os bairros de uma cidade têm acesso aos mesmos serviços públicos? Explique.

2. Observe novamente as fotos da página anterior e responda.

   - Qual foto mostra um bairro com boa oferta de serviços públicos?
   - Qual foto mostra um bairro com serviços públicos precários? O que poderia ser feito para resolver esses problemas?

3. Marque os serviços públicos que existem no lugar onde você vive.

   ☐ Iluminação pública   ☐ Creches públicas   ☐ Escolas públicas
   ☐ Limpeza de ruas   ☐ Coleta de lixo   ☐ Centros culturais
   ☐ Postos de saúde   ☐ Transporte público   ☐ Asfaltamento
   ☐ Água encanada   ☐ Coleta de esgoto   ☐ Policiamento

4. Existem outros serviços públicos que você gostaria que seu bairro tivesse? Se sim, quais?

5. Em sua opinião, como é a qualidade dos serviços públicos que existem no seu bairro? Justifique sua resposta.

Vamos fazer

Que tal escrever uma carta para o prefeito do município onde você vive pedindo a melhoria de um serviço público? Junte-se a um colega e sigam as etapas.

Etapas

1. Listem, no caderno, melhorias que poderiam ser feitas nos serviços públicos do seu bairro.

2. Escolham uma dessas melhorias e escrevam uma carta ao prefeito do seu município para pedir essa melhoria. Lembrem-se de explicar por que esse serviço público é importante para os moradores do bairro.

3. Leiam a carta para os colegas e o professor.

87

O que você aprendeu

1. Veja os desenhos abaixo e responda às questões.

a) Qual desenho representa a paisagem de uma cidade?

☐ 1   ☐ 2

b) Que elementos você observa na paisagem dessa cidade?

_____

_____

c) Qual dessas paisagens se parece mais com a paisagem do lugar onde você vive? Cite algumas semelhanças.

_____

_____

_____

d) Em sua opinião, a vida das pessoas nesses dois lugares é semelhante? Explique.

_____

_____

_____

88

2. Observe esta foto.

Vista da cidade de Nova Iguaçu, no estado do Rio de Janeiro, em 2014.

- Que características do espaço urbano podemos identificar na foto?

_____
_____
_____

3. Observe o desenho de parte de uma cidade e responda.

a) Que estabelecimentos comerciais são mostrados nesse desenho?

_____

b) Que serviços são mostrados nesse desenho?

_____

89

4 As fotos a seguir mostram atividades de trabalho.

Município de Tocos do Moji, estado de Minas Gerais, 2016.

Município de Manaus, estado do Amazonas, 2017.

a) Que atividade de trabalho é mostrada na foto 1? E na foto 2?

_____
_____
_____

b) A atividade de trabalho mostrada na foto 1 é realizada no campo ou na cidade? E a mostrada na foto 2?

_____
_____

c) Que outras atividades de trabalho podem ser realizadas no campo? E na cidade?

_____
_____
_____
_____

d) De todas as atividades citadas nesta atividade, quais são realizadas no lugar onde você vive?

_____
_____

5 Observe o desenho.

- No desenho acima, circule as atividades de trabalho de acordo com a legenda.

 Indústria   Comércio   Serviços

6 Qual é a diferença entre o trabalho do comerciante e o trabalho do prestador de serviços?

_____
_____
_____
_____
_____
_____

7 Marque os desenhos que mostram exemplos de serviços públicos.

a) Quais serviços públicos você marcou?

_____
_____

b) Você acha esses serviços importantes? Por quê?

_____
_____
_____
_____

8 Nas cidades, existem bairros nos quais a oferta de serviços públicos é maior do que em outros? Em sua opinião, por que isso acontece?

_____
_____
_____
_____

9 Observe estas palavras.

campo — indústrias — multidão — dispersão — prédios
rural — aglomeração — cidade — lojas — plantações
serviços — vegetação — movimento — congestionamentos

a) Copie as palavras que você associaria à expressão **espaço urbano**.

_____
_____
_____

b) Escreva três frases sobre o espaço urbano utilizando as palavras que você copiou.

_____
_____
_____
_____
_____
_____

c) Explique por que as palavras que você não copiou não costumam ser associadas à expressão espaço urbano.

_____
_____
_____
_____

UNIDADE 4
Cuidados com a natureza e seus recursos

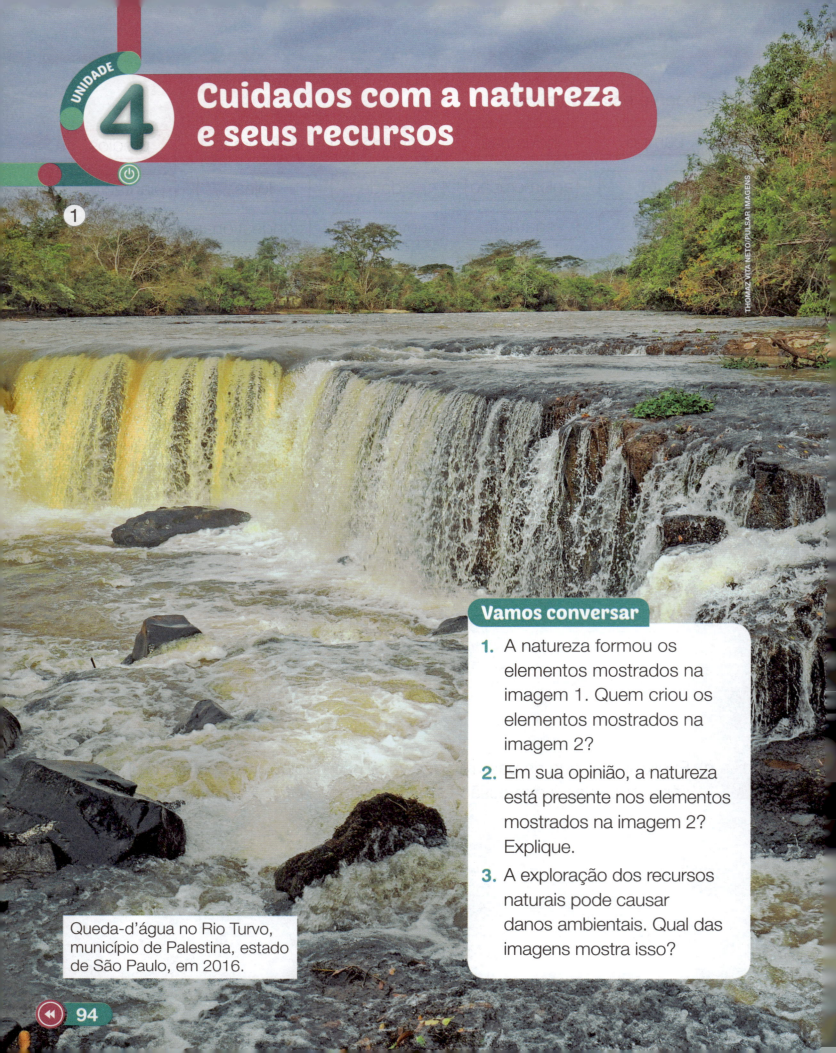

1

Queda-d'água no Rio Turvo, município de Palestina, estado de São Paulo, em 2016.

Vamos conversar

1. A natureza formou os elementos mostrados na imagem 1. Quem criou os elementos mostrados na imagem 2?

2. Em sua opinião, a natureza está presente nos elementos mostrados na imagem 2? Explique.

3. A exploração dos recursos naturais pode causar danos ambientais. Qual das imagens mostra isso?

2. Interior de uma casa.

3. Cava de extração de minério de ferro, município de Belo Vale, estado de Minas Gerais, em 2016.

As pessoas utilizam recursos da natureza

Recurso natural é tudo o que está na natureza e pode servir para atender às necessidades das pessoas.

A água, o ar, o solo, a vegetação e os minérios são exemplos de recursos naturais.

Recursos naturais renováveis e não renováveis

Os recursos naturais podem ser renováveis ou não renováveis.

- **Recursos naturais renováveis:** são aqueles que se renovam naturalmente ou por meio da ação humana, como o cultivo de plantas para reflorestamento. São exemplos de recursos naturais renováveis a água, o ar, o solo, a vegetação e a energia solar.

Plantação de eucaliptos no estado de São Paulo, em 2016.

1 Um rio pode ser considerado um recurso natural renovável? Explique.

- **Recursos naturais não renováveis:** são aqueles que não são renovados naturalmente nem podem ser repostos ou reproduzidos pela ação humana, podendo se esgotar. Não é possível, por exemplo, repor ou reproduzir o minério de ferro que é retirado da natureza para fabricar aço. São exemplos de recursos naturais não renováveis o petróleo, o gás natural, o carvão mineral e os minérios em geral (minério de ferro, alumínio, cobre, manganês, ouro, níquel etc.).

Área de extração de minério de ferro no município de Congonhas, estado de Minas Gerais, em 2016.

Plataforma de extração de petróleo no município do Rio de Janeiro, estado do Rio de Janeiro, em 2015.

2 As fotos acima mostram a extração de quais recursos naturais não renováveis?

O trabalho humano transforma os recursos naturais

Você já reparou na quantidade de produtos que utilizamos ou consumimos todos os dias, desde a hora que acordamos até a hora de dormir? É uma quantidade enorme, não é? De onde vêm todos esses produtos?

Por meio do trabalho, as pessoas transformam os recursos da natureza em produtos que atendam às suas necessidades.

O minério de ferro, por exemplo, é um recurso natural extraído pelos trabalhadores para ser transformado em uma grande variedade de produtos: armários de aço, panelas, aviões, geladeiras, carros, máquinas industriais etc.

Quando são construídas usinas hidrelétricas nos rios, também está sendo aproveitado um recurso natural – a água – para atender a uma necessidade: gerar energia elétrica.

Usina hidrelétrica de Xingó, no Rio São Francisco, município de Piranhas, estado de Alagoas, em 2016.

O minério de ferro é transformado em aço, que é utilizado na fabricação de equipamentos, automóveis, aviões, peças e outros produtos. Na foto, interior de indústria de autopeças no município de Londrina, estado do Paraná, em 2016.

O aço é uma das principais matérias-primas utilizadas na produção de automóveis. Na foto, interior de indústria automobilística no município de Resende, estado do Rio de Janeiro, em 2015.

3 Observe seu material escolar: lápis, caderno, caneta, régua. Que recursos naturais foram transformados para a fabricação desses objetos?

4 A produção de todos os objetos que compõem o seu material escolar envolveu trabalho humano. Explique.

Para fabricar qualquer produto, as pessoas utilizam os recursos da natureza. Assim, quanto mais produtos são fabricados, mais recursos são retirados da natureza. Isso pode causar diversos problemas ambientais, como o desmatamento e a poluição dos rios.

Além disso, quanto mais produtos são consumidos pelas pessoas, maior é a quantidade de produtos descartados como lixo. O excesso de lixo é um grave problema ambiental.

Lixão no município de Ribeirópolis, estado de Sergipe, em 2015. Além de poluir o ambiente, o lixo atrai insetos e outros animais que podem transmitir doenças.

Mas será que em todos os lugares as pessoas utilizam os recursos da natureza da mesma maneira e na mesma intensidade? Vamos conhecer como alguns povos utilizam esses recursos.

Os povos da floresta

Os povos indígenas, os castanheiros, os seringueiros e os ribeirinhos se autodenominam povos da floresta. Eles retiram da natureza apenas o que precisam para viver.

Moradia indígena Kayapó no município de São Félix do Xingu, estado do Pará, em 2016.

100

Os povos da floresta têm seu modo de vida adaptado às condições naturais da floresta e muitos conhecimentos sobre ela. Eles conhecem, por exemplo, várias plantas da floresta que podem ser utilizadas como medicamentos e na alimentação.

Esses povos cultivam a terra e praticam atividades extrativas como a caça e a pesca e, principalmente, a extração de látex e de castanha-do--brasil, também conhecida como castanha-do-pará.

A maneira como essas atividades são praticadas por esses povos causa poucos impactos ambientais e contribui para a preservação da natureza. Afinal, ela é o meio de sustento desses povos.

> **Látex:** líquido de aspecto leitoso extraído do caule de algumas plantas. Com o látex se fabrica borracha natural.

Seringueiro extraindo látex em floresta no município de Tarauacá, estado do Acre, em 2017.

5 Quem são os povos da floresta?

_____

_____

6 Na prática de suas atividades, os povos da floresta procuram causar o menor impacto possível ao ambiente. Por que eles fazem isso?

Os quilombolas

Há cerca de 400 anos, milhares de africanos foram trazidos à força para as terras que formariam o Brasil para trabalhar como mão de obra escravizada.

Muitos escravizados tentavam resistir à escravização fugindo dos trabalhos forçados e dos maus-tratos. Eles formaram comunidades conhecidas como quilombos, que tinham organização social, política, econômica e cultural próprias.

Após a abolição da escravidão, em 1888, muitos escravizados livres continuaram a viver nos quilombos. Atualmente, há cerca de 2.600 comunidades remanescentes de quilombos reconhecidas no Brasil. Elas abrigam os descendentes de escravizados, que mantêm os costumes de seus antepassados.

Cada comunidade quilombola tem suas características próprias, mas a maioria pratica a agricultura familiar e a pesca para sua sobrevivência. Também costumam extrair da natureza produtos que utilizam na fabricação de artesanato e utensílios.

Agricultores quilombolas em colheita de feijão no município de Cabo Frio, estado do Rio de Janeiro, em 2015.

7 Que atividades a maioria das comunidades quilombolas pratica para sobreviver?

_____

_____

Os caiçaras

As comunidades que vivem no litoral dos estados de São Paulo, Paraná e Rio de Janeiro são conhecidas como **caiçaras**. O litoral é a faixa de terra banhada pelo mar.

A principal atividade das comunidades caiçaras é a pesca artesanal não predatória. Da pesca, as famílias caiçaras obtêm alimento para o próprio consumo e renda com a venda dos pescados. A alimentação dessas comunidades inclui diversos animais extraídos do mar, como peixes, camarões e ostras. Além disso, algumas comunidades caiçaras plantam para o próprio consumo.

Pescadores caiçaras no litoral do município de Paraty, estado do Rio de Janeiro, em 2016.

8 Onde vivem as comunidades caiçaras?

_____

_____

9 Qual é a principal atividade desenvolvida por essas comunidades?

_____

_____

Água: usar bem para ter sempre

A água é um importante recurso da natureza. Usamos a água em muitas situações do dia a dia. Precisamos dela para viver.

A maior parte da água que usamos vem dos rios. Por ser fonte de água doce, os rios servem para abastecer a população. Essa água também serve para irrigar as plantações, matar a sede dos animais e pode ser utilizada nas atividades industriais. Além disso, as pessoas podem conseguir seu sustento por meio da pesca ou utilizar os rios para atividades de lazer.

O que é preciso fazer para não faltar água

A quantidade de água doce que há no planeta é pequena. E o consumo, que já é grande, cresce a cada ano. Além disso, existe muito desperdício de água.

Se não houver economia, a água pode faltar.

Por isso, é importante cuidar dos rios, evitando que suas águas sejam poluídas ou contaminadas.

Também é necessário ter atitudes que evitem o desperdício de água.

Dessa maneira, contribuímos para garantir que haverá água para as futuras gerações.

1. Dê exemplos de situações em que você utiliza a água.

2. Por que podemos afirmar que a água é um importante recurso da natureza?

3. Por que precisamos evitar o desperdício de água?

_____

_____

4. Marque a cena que mostra uma atitude positiva em relação ao uso de água.

- Explique a atitude negativa na cena que você não marcou. Como essa atitude poderia se tornar positiva?

5. Para que atividade a água do rio está sendo utilizada em cada desenho?

- Como essas atividades seriam afetadas se as águas do rio não fossem preservadas?

105

A água que consumimos

De onde vem a água que chega às casas?

A água retirada dos rios para abastecer a população precisa ser tratada antes de ser consumida.

Nas estações de tratamento, as impurezas da água são eliminadas com a aplicação de produtos químicos e a realização de várias filtragens.

Depois de limpa, a água é armazenada em reservatórios, de onde é distribuída para a população.

Estação de tratamento de água no município de Teresina, estado do Piauí, em 2015.

Para onde vai a água que sai das casas?

A água suja e os dejetos produzidos nas moradias, nos estabelecimentos comerciais, nas indústrias e nas escolas, por exemplo, são enviados para os rios na forma de **esgoto**.

No esgoto, existem substâncias que podem contaminar as águas e prejudicar os seres vivos. Para evitar a contaminação das águas, antes de ser lançado nos rios, o esgoto deve ser coletado e destinado às estações de tratamento.

Estação de tratamento de esgoto no município do Rio de Janeiro, estado do Rio de Janeiro, em 2015.

106

6 Por que a água que abastece a população precisa ser tratada?

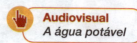
Audiovisual
A água potável

_____

7 O que acontece com a água nas estações de tratamento?

_____

8 Por que o esgoto precisa ser tratado antes de ser lançado nos rios?

_____

9 Observe os desenhos.

a) Por que a menina ficou doente?

_____

b) Você acha que em todos os lugares do Brasil as pessoas têm acesso à água tratada e à coleta de esgoto? Por quê?

CAPÍTULO 3 — A degradação ambiental no campo e na cidade

Degradação ambiental no campo

A agricultura, a pecuária e o extrativismo podem causar vários problemas ambientais, como a extinção de espécies vegetais e animais, a destruição do solo, o assoreamento dos rios e a poluição das águas.

A extinção de espécies vegetais e animais

Quando áreas são desmatadas para dar lugar a pastos, plantações e atividades do extrativismo mineral, muitas espécies vegetais dessas áreas desaparecem.

O desmatamento também destrói o hábitat de vários animais, o que pode levá-los à extinção.

O lobo-guará está ameaçado de extinção devido à destruição de seu hábitat.

Hábitat: ambiente que apresenta as condições necessárias para o desenvolvimento de determinado ser vivo.

1 A foto abaixo mostra uma área de floresta que foi desmatada para a prática da agricultura.

- Que problemas o desmatamento pode causar aos seres vivos e ao ambiente dessa área?

Área desmatada da floresta amazônica no município de Caracaraí, estado de Roraima, em 2016.

A destruição dos solos

A prática da agricultura exige a retirada da vegetação. Sem cobertura vegetal, o solo fica desprotegido e exposto à erosão.

Erosão é o processo de desgaste da superfície terrestre. Ocorre principalmente pela ação da água da chuva, que, ao escoar, transporta porções do solo de um lugar ao outro.

Outro fato que contribui para a erosão do solo é seu endurecimento. A utilização constante de máquinas e equipamentos pesados acaba endurecendo o solo, tornando-o impermeável e fazendo com que a água escoe e transporte porções do solo.

Erosão de solo em lavoura de trigo no município de Ijuí, estado do Rio Grande do Sul, em 2017.

O assoreamento dos rios

A **mata ciliar** é a vegetação que fica nas margens dos rios, ao longo do seu curso. Essa vegetação funciona como uma proteção, pois evita a erosão nas margens.

Quando a mata ciliar é retirada para ampliar uma área agrícola, essa proteção deixa de existir e pode ocorrer o assoreamento dos rios. **Assoreamento** é o acúmulo de terra, areia e outros materiais no leito de um rio. Com a erosão, restos de solo são levados pela chuva até o rio, onde se depositam e diminuem sua profundidade.

Nos rios assoreados, o volume de água diminui, comprometendo a vida de peixes e de outros organismos, além de dificultar seu uso para a navegação, o abastecimento e a geração de energia.

Mata ciliar às margens do Rio Irani, no município de Chapecó, estado de Santa Catarina, em 2016.

2 O que é mata ciliar? Por que a preservação dela é importante?

_____
_____

A poluição dos rios

A poluição das águas dos rios, no campo, é causada principalmente pelo uso intenso de produtos químicos nas plantações. Esses produtos podem contaminar as águas subterrâneas ou ser transportados pela água da chuva até os rios, contaminando-os.

A poluição das águas também ocorre quando substâncias nocivas, como o mercúrio, são utilizadas no extrativismo mineral e depois jogadas nos rios.

Aplicação de produto químico em área rural do município de Juazeiro, estado da Bahia, em 2016.

3 Quais são as principais causas da poluição dos rios no campo?

_____
_____

O extrativismo mineral é uma das atividades que mais degradam o ambiente

Muitos minerais são encontrados nas rochas. Geralmente, essas rochas encontram-se recobertas por vegetação. Para extraí-los, é preciso retirar a vegetação e fazer escavações, alterando a paisagem e a vida de muitos seres vivos.

Além disso, a atividade mineradora gera grande quantidade de resíduos que, se descartados no ambiente, podem contaminar os rios, destruir os solos e reduzir a biodiversidade.

Na extração do minério de ferro, por exemplo, é preciso separar o minério da rocha. Nesse processo de separação, é produzida uma grande quantidade de resíduos, também chamados **rejeitos**. Esses rejeitos formam uma lama constituída de restos de substâncias sólidas, compostos químicos e água. Os rejeitos são retidos e armazenados em **barragens**, que são reservatórios construídos pelas mineradoras especialmente para isso. Já pensou o que poderia acontecer se uma barragem dessas se rompesse?

Barragem de rejeitos de mineradora no município de Mariana, estado de Minas Gerais, em 2015.

No dia 5 de novembro de 2015, no distrito de Bento Rodrigues, no município de Mariana, estado de Minas Gerais, uma das barragens de uma mineradora que atua na região se rompeu, causando um dos mais graves desastres ambientais do país.

A enxurrada de lama proveniente da barragem soterrou praticamente todo o distrito, matando pessoas e animais, destruindo construções, atingindo matas, córregos e rios próximos. A quantidade de lama foi tão grande que, pelos rios da região, a lama seguiu por outros municípios, até chegar ao Oceano Atlântico, já no estado do Espírito Santo.

Alguns dias após o rompimento da barragem, a lama atingiu as águas do Rio Doce. Na foto, trecho do Rio Doce na cidade de Linhares, estado do Espírito Santo, em novembro de 2015.

Vista parcial da destruição causada pelo rompimento da barragem de rejeitos no distrito de Bento Rodrigues, município de Mariana, estado de Minas Gerais. Foto de 6 de novembro de 2015.

112

Problemas ambientais na cidade

Nas cidades, a concentração de pessoas, de veículos, de atividades industriais, de comércio e de serviços pode gerar vários problemas ambientais.

A poluição do ar

A grande quantidade de poluentes lançada todos os dias no ar pelos escapamentos dos veículos e pelas chaminés das fábricas pode comprometer a qualidade do ar, principalmente nas grandes cidades.

Esses poluentes podem ter efeitos prejudiciais ao ambiente e à saúde humana, reduzindo a qualidade de vida das pessoas.

Nessa foto, observe a camada de poluição atmosférica na cidade de São Paulo, estado de São Paulo, em 2015.

A poluição da água

A maioria das cidades no Brasil não tem estações de tratamento de esgoto. Assim, grande parte do esgoto é despejada sem tratamento nos rios, poluindo suas águas.

A falta de cuidado dado ao lixo também pode ser a causa da poluição e contaminação das águas. O acúmulo de lixo nos rios provoca o assoreamento e contribui para a ocorrência das enchentes nas cidades.

Trecho do Rio Valão no município de São Gonçalo, estado do Rio de Janeiro, em 2016.

Poluição visual e sonora

Nas cidades, a grande quantidade de cartazes e anúncios luminosos que são colocados nas ruas, nos muros e nos edifícios provoca poluição visual.

Já a poluição sonora é gerada pelos ruídos de buzinas, motores e máquinas. A exposição a ruídos intensos pode provocar sérios problemas de saúde, como dores de cabeça, redução da audição e, em alguns casos, até mesmo surdez permanente.

Trabalhadores utilizam britadeira para quebrar o asfalto em obra no município de Foz do Iguaçu, estado do Paraná, em 2015.

O lixo

Diariamente, grandes quantidades de restos de comida, embalagens, latas, garrafas, papéis e outros objetos são descartados no lixo.

Nas cidades, o lixo produzido vem de residências, da indústria, do comércio e das diversas atividades de prestação de serviços.

Ainda hoje, no Brasil, grande parte do lixo é depositada de maneira inadequada em lixões a céu aberto, contaminando o solo e atraindo insetos e animais que causam doenças.

O destino correto de todo o lixo coletado deveria ser o aterro sanitário, local onde o lixo é armazenado em condições adequadas para não prejudicar os seres vivos e o ambiente.

Vista de aterro sanitário no município de Salvador, estado da Bahia, em 2017.

4 Complete o quadro com informações sobre os principais problemas ambientais que ocorrem nas cidades.

Problema ambiental	Causas desses problemas

5 Observe o desenho e responda.

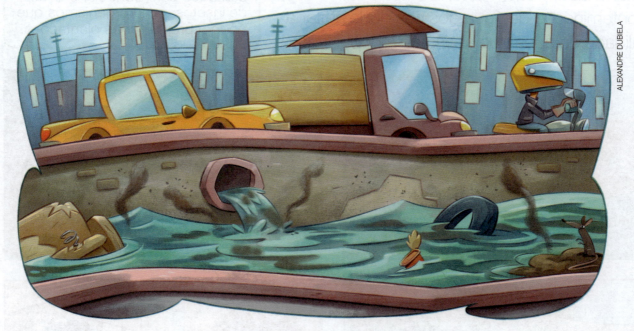

a) O que está causando a poluição desse rio?

_____

 b) O que o acúmulo de lixo e de outros materiais no leito de rios pode causar? As pessoas que vivem na cidade podem ser prejudicadas por isso? Explique.

Para ler e escrever melhor

O texto que você vai ler mostra uma das **causas** da contaminação dos rios e as **consequências** disso para os seres vivos.

Fertilizantes e agrotóxicos contaminam os rios

Para aumentar a produtividade e proteger lavouras, muitos agricultores utilizam fertilizantes e agrotóxicos.

O uso excessivo desses produtos causa a contaminação dos rios. Isso acontece porque as substâncias nocivas contidas neles são carregadas pela água da chuva até os rios, contaminando-os.

A água contaminada dos rios pode matar animais e plantas que neles vivem. Se as pessoas tiverem contato com essa água contaminada, podem ficar doentes. Além disso, a contaminação da água dos rios pode afetar a qualidade da água que abastece a população.

> **Fertilizantes:** substâncias que tornam o solo mais produtivo.
>
> **Agrotóxicos:** produtos utilizados para controlar a ação de insetos e microrganismos que podem prejudicar as plantações.

116

1. De acordo com o texto, o que pode contaminar os rios?

   _____

2. Qual é a consequência dessa contaminação para os seres vivos?

   _____

   _____

3. Observe as cenas da página anterior. No caderno, escreva uma legenda para cada cena.

4. Complete o esquema sobre a contaminação dos rios.

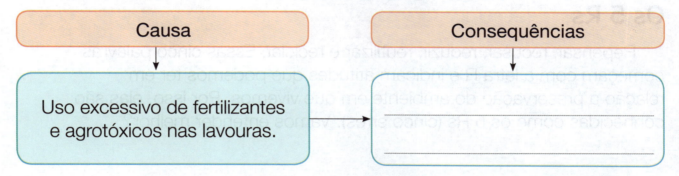

Causa	Consequências
Uso excessivo de fertilizantes e agrotóxicos nas lavouras.	_____ _____

5. Observe as imagens sobre o uso de agrotóxicos.

Aplicação de agrotóxicos na plantação.

Ingestão de alimento contaminado com agrotóxico.

Pessoa doente após ingerir alimento contaminado por agrotóxico.

ILUSTRAÇÕES: ALEXANDRE DUBIELA

- Escreva um pequeno texto sobre a causa da contaminação de alimentos e a consequência da ingestão desses alimentos para as pessoas. Lembre-se de dar um título ao seu texto.

CAPÍTULO 4

O que fazer com o lixo?

Você estudou que o excesso de lixo produzido é um problema ambiental. Quanto mais consumimos produtos, mais lixo é gerado. O hábito de comprar coisas em exagero, sem necessidade, é chamado de **consumismo**.

Mas podemos ter atitudes que contribuem para diminuir a quantidade de lixo que produzimos, colaborando para reduzir esse problema ambiental.

Os 5 Rs

Repensar, recusar, reduzir, reutilizar e reciclar. Essas cinco palavras começam com a letra R e indicam atitudes que podemos ter em relação à preservação do ambiente em que vivemos. Por isso, elas são conhecidas como os 5 Rs (cinco erres). Vamos entender melhor?

Repensar

Podemos **repensar** nossos hábitos de consumo. Antes de comprar qualquer produto, devemos pensar bem: "Este produto é realmente necessário?".

Recusar

Outra atitude é **recusar** produtos feitos com materiais que prejudicam o ambiente, dando preferência aos que são feitos de materiais recicláveis, por exemplo.

ILUSTRAÇÕES: FÁBIO EUGÊNIO

Reduzir

Quando escolhemos produtos com maior durabilidade e com embalagens retornáveis, também ajudamos a **reduzir** a quantidade de lixo produzido.

Reutilizar

Podemos **reutilizar** objetos que seriam descartados. Com um pouco de criatividade, é possível dar um uso diferente para esses objetos.

Reciclar

Reciclar consiste em reaproveitar o material de objetos que seriam descartados. Assim, por exemplo, o plástico de um objeto usado pode ser reciclado ou reaproveitado na fabricação de novos objetos de plástico.

1 O que é consumismo?

_____

_____

2 Você e sua família adotam algumas das atitudes dos 5 Rs? Quais?

_____

_____

3 De que maneira você e seus colegas podem diminuir a quantidade de lixo gerada na escola?

 Organize suas ideias antes de falar e **ouça** seus colegas **com atenção e respeito!**

119

A coleta seletiva

Você aprendeu que reciclar materiais é uma maneira de reduzir a quantidade de lixo. Para realizar a reciclagem é necessário fazer a coleta seletiva.

A **coleta seletiva** consiste em separar os materiais recicláveis, os não recicláveis e o lixo orgânico.

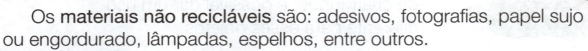

Os **materiais recicláveis** são: papel, vidro, plástico e metal.

Os **materiais não recicláveis** são: adesivos, fotografias, papel sujo ou engordurado, lâmpadas, espelhos, entre outros.

O **lixo orgânico** é formado de restos de comida em geral, por folhas, flores e demais partes de plantas mortas, por cinzas e por aparas de madeira.

Existem lixeiras próprias para depositar cada tipo de material. Elas têm cores diferentes.

Lixeiras para coleta seletiva. Cada tipo de material deve ser depositado na lixeira correspondente. A coleta seletiva facilita a reciclagem.

Após a separação do lixo, os materiais recicláveis devem ser destinados às usinas de reciclagem, para serem transformados em matérias-primas que serão utilizadas na fabricação de novos produtos.

O lixo orgânico pode ser separado e passar por um processo de decomposição natural chamado **compostagem**. Desse processo, obtém-se adubo orgânico, que pode ser utilizado nas plantações.

Lixo orgânico sendo despejado em caixa para compostagem doméstica. O lixo é misturado à terra com minhocas, que ajudam o processo de formação do adubo.

O descarte de lixo eletrônico

Televisores, computadores, aparelhos de telefone fixos e celulares, baterias e pilhas que perderam a utilidade compõem o que chamamos de **lixo eletrônico**.

No lixo eletrônico, há materiais que podem contaminar o ambiente e causar problemas à saúde das pessoas.

Por isso, os fabricantes de produtos eletrônicos devem disponibilizar pontos de coleta para o descarte desses produtos. Assim, eles podem reutilizar e reciclar partes dos produtos descartados, contribuindo para a redução de lixo e para a preservação de recursos da natureza.

Baterias e pilhas são exemplos de lixo eletrônico e devem ser descartadas de modo correto.

Placa de computador. Os componentes da placa podem ser reciclados se ela for descartada corretamente.

O mundo que queremos

Reutilizar o plástico: bom para a natureza

O plástico é uma matéria-prima muito utilizada na fabricação de produtos. Com o plástico, são fabricados vários produtos, por exemplo embalagens de doces e salgadinhos, garrafas, baldes, sacolas, brinquedos, cadeiras e mesas, bandejas e copos, entre muitos outros.

Todos os dias, jogamos no lixo muitas dessas embalagens e objetos.

Você sabia que o plástico leva mais de 200 anos para se decompor? É muito tempo, não é?

Agora, pense na quantidade de lixo que se acumula na natureza.

Já pensou? É muito lixo, não é mesmo?

Reutilizar o plástico é uma maneira de contribuir para diminuir a grande quantidade de lixo que produzimos.

Observe, na foto abaixo, a grande quantidade de plástico jogada no córrego.

Garrafas de plástico.

Copos descartáveis de plástico.

Garfos de plástico.

Os objetos representados não estão na mesma proporção.

Córrego poluído por lixo, no município de Juazeiro, estado da Bahia, em 2016.

1. Escreva o nome de três produtos fabricados com plástico citados no texto.

2. De acordo com o texto, por que é importante reutilizar embalagens de plástico?

3. Que produtos fabricados com plástico você utiliza em sua casa ou na escola?

 4. O que é feito com as embalagens e outros produtos de plástico que você e sua família não utilizam mais?

Vamos fazer

Podemos reutilizar as embalagens plásticas transformando-as em porta-lápis, vasos, porta-trecos e brinquedos, por exemplo.

Que tal dar sua contribuição para a natureza? Junte-se a alguns colegas e mãos à obra!

Usem a criatividade para reutilizar as embalagens plásticas. Os objetos criados podem servir de inspiração para outras pessoas!

Etapas

1. Tragam embalagens plásticas vazias e limpas.
2. Imaginem os objetos que podem ser criados com essas embalagens.
3. Façam os objetos, decorando-os como quiserem. Usem tesoura, cola, fita adesiva, tinta e outros materiais.
4. Depois, organizem uma exposição com os objetos criados.

ALEXANDRE DUBIELA

O que você aprendeu

1. O que é recurso natural? Dê um exemplo.

___

2. Identifique os recursos naturais conforme a legenda.

   R Recursos naturais renováveis   NR Recursos naturais não renováveis

   ☐ ar   ☐ petróleo   ☐ água
   ☐ alumínio   ☐ carvão mineral   ☐ ouro

3. Observe a foto e responda.

Rua no município de Divinópolis, estado de Minas Gerais, em 2016.

a) A foto mostra um problema ambiental. Que problema é esse?

___

b) No lugar onde você vive é comum observar uma cena como essa?

c) Em sua opinião, o que pode ser feito para reduzir esse problema?

124

4. Os problemas ambientais que ocorrem na cidade são os mesmos que ocorrem no campo? Explique.

5. Observe a sequência de cenas.

a) Que material está sendo reciclado?

_____

b) Que produto foi feito com esse material?

_____

c) Você já viu algum objeto feito de material reciclado? De que material esse objeto foi feito?

6. Leia o texto.

Potável significa "que se pode beber". Para ser ingerida, é essencial que a água não contenha elementos nocivos à saúde. Mas não é só isso. Para ser bebida pelo ser humano e utilizada no preparo de alimentos e na higiene corporal, é necessário que a água [...] não possua sabor, odor ou aparência desagradáveis.

Samuel M. Branco. *Água*: origem, uso e preservação. 2. ed. São Paulo: Moderna, 2003. p. 80.

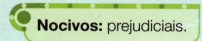

Nocivos: prejudiciais.

a) O que é água potável?

_____

b) Para ser consumida, como a água deve ser?

_____

c) A água que você consome é potável? Explique.

125

7 Por que a navegação e a geração de energia são prejudicadas pelo assoreamento dos rios?

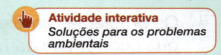

Atividade interativa
Soluções para os problemas ambientais

_____

_____

_____

8 Observe o gráfico abaixo. Ele mostra as moradias urbanas atendidas por coleta de lixo no Brasil em 2015. De cada 100 moradias urbanas, 99 moradias eram atendidas por coleta de lixo e 1 moradia não era atendida.

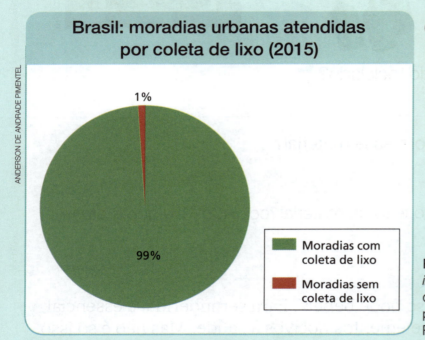

Não tenha pressa!
Pense com calma antes de responder a cada pergunta. É preciso ter **atenção e calma** para interpretar gráficos.

Fonte: IBGE. *Síntese de indicadores sociais*: uma análise das condições de vida da população brasileira: 2016. Rio de Janeiro: IBGE, 2016.

a) No Brasil, de cada 100 moradias urbanas, quantas eram atendidas por coleta de lixo em 2015?

_____

_____

b) E quantas moradias urbanas não eram atendidas por coleta de lixo?

_____

_____

 c) Essas moradias situam-se na cidade ou no campo? Como você sabe?

9 Observe a sequência de desenhos e responda.

a) O desenho 1 mostra uma floresta. O que aconteceu com essa floresta?

_____

_____

_____

b) Quais são as consequências dessa mudança para as espécies vegetais e animais que viviam nessa área?

_____

_____

_____